高等医学教育课程同步周周练

生物化学与分子生物学周周练

李　璘　袁仕善　杨盛清　编

中国协和医科大学出版社

北　京

图书在版编目（CIP）数据

生物化学与分子生物学周周练 / 李璘，袁仕善，杨盛清编. —北京：中国协和医科大学出版社，2022.7
（高等医学教育课程同步周周练）
ISBN 978-7-5679-1988-4

Ⅰ. ①生… Ⅱ. ①李… ②袁… ③杨… Ⅲ. ①生物化学－高等学校－习题集 ②分子生物学－高等学校－习题集 Ⅳ. ①Q5-44②Q7-44

中国版本图书馆CIP数据核字（2022）第104653号

高等医学教育课程同步周周练
生物化学与分子生物学周周练

编　　者：李　璘　袁仕善　杨盛清
策划编辑：陈　佩
责任编辑：刘　婷　涂　敏
封面设计：许晓晨
责任校对：张　麓
责任印制：张　岱

出版发行：**中国协和医科大学出版社**
　　　　　（北京市东城区东单三条9号　邮编100730　电话010-65260431）
网　　址：www.pumcp.com
经　　销：新华书店总店北京发行所
印　　刷：三河市龙大印装有限公司

开　　本：880mm×1230mm　　1/32
印　　张：8.5
字　　数：200千字
版　　次：2022年7月第1版
印　　次：2022年7月第1次印刷
定　　价：51.00元

ISBN 978-7-5679-1988-4

编者名单

编　　者　李　璘　袁仕善　杨盛清

编者单位　湖南师范大学医学院

前　言

医学专业内容繁多、知识点复杂，需要及时高效地复习才能巩固所学的知识。同时，近年来，医学类考研竞争日趋激烈，对考研复习也提出了更高的要求。客观地讲，师范院校医学院的学生在考研上并不占优，但是湖南师范大学医学院考研成绩却屡创新高。特别在2022年考研难度加大的情况下，上线率达到77.4%，其中不乏北京协和医学院、北京大学、浙江大学等医学名校。这些成绩的取得离不开同学们的刻苦努力，也与学院一线教师多年的教学和考研辅导经验密不可分。为此，我们总结编写了这套丛书，以期让更多的同学受益。

"高等医学教育课程同步周周练"丛书分为《诊断学周周练》《内科学周周练》《外科学周周练》《生理学周周练》《生物化学与分子生物学周周练》5个分册。最大的特点是采用真题解析、知识点加练习题结合的形式，将2012—2022年共11年的考研知识点和真题解析融入临床医学专业的主干核心课程之中，学生在学习对应课程时就可以结合对应分册，进行针对性学习和考研准备，效果远胜于考研前的临时突击。

本套丛书既便于医学本科生同步学习及练习，又可用于考研前自我评估和复习巩固，还可作为高校相关课程及考研辅导教师教学的参考书，对参加执业医师资格考试的考生及住院医师也具有很高的学习参考价值。

本分册《生物化学与分子生物学周周练》为《生物化学与分子生物学》的配套辅导用书。生物化学与分子生物学是医学生普遍认为难学的课程之一，又是每位医学生必修的专业基础课，结合20余年教学经验，我们总结出3步学习法：**先认识**，初步认识蛋白质、核酸、酶等生物分子的结构与特性，识记静态知识点；**再相知**，进一步理解物质代谢及调节的动态过程，明确基因复制、转录与翻译等遗传信息传递规律，掌握癌基因及分子生物学相关技术；**后巩固**，最后对所有内容进行巩固应用，融会贯通。

针对"先认识"这一目标，本书以全国高等教育五年制临床医学专业教学大纲和研究生入学考试大纲为依据，在第一部分"考研真题解析"中对生物化学与分子生物学的重点、难点、考点进行了总结提炼，帮助学习者快速识别重要知识点。

针对"再相知"这一目标，本书在第二部分"知识点总结"中对易混淆及易错知识点进行了对比辨析，帮助学习者快速深入理解。

针对"后巩固"这一目标，本书在第三部分"拓展练习及参考答案"中通过习题训练知识的应用能力，达到巩固的目的，同时检验认识及相知的效果。

本书按照教学日历编排，方便学习者同步使用，李璘负责大纲拟定及全书内容审校；杨盛清负责编写第1～9周、第15周，袁仕善负责编写第10～14周及第16、17周。

尽管力臻完善，但书中难免存在疏漏与不足之处，敬请广大同仁和读者批评指正。

编　者

2022年6月

目　录

第一篇

生物大分子结构与功能

第1周　蛋白质的结构与功能

一、考研真题解析

1.（2012年A型题）下列结构中，属于蛋白质结构模体的是

A．α-螺旋　　　　　B．β-折叠　　　　　C．锌指结构　　　　　D．结构域

【答案与解析】　1．C。结构模体由2个或3个具有二级结构的肽段在空间上相互接近，形成1个特殊的空间构象并发挥特定的作用，是蛋白质中具有特殊功能的超级结构。常见的结构模体有锌指结构、亮氨酸拉链。

2.（2013年A型题）"不同蛋白有不同的空间构象"所指的含义是

A．蛋白质的变性与复性　　　　　　B．多肽链的折叠机制

C．一级结构决定高级结构　　　　　D．结合蛋白质有多种辅基

【答案与解析】　2．C。一级结构是蛋白质空间构象和特异生物学功能的基础，但不是决定蛋白质空间构象的唯一因素。

3．（2014年A型题）蛋白质的空间构象主要取决于肽链中的结构是

A．氨基酸序列　　　B．α-螺旋　　　　　C．β-折叠　　　　　D．二硫键位置

【答案与解析】　3．A。在蛋白质分子中，从N-端至C-端的氨基酸排列顺序称为蛋白质的一级结构。蛋白质一级结构中的主要化学键是肽键。蛋白质一级结构是蛋白质空间构象和特异生物学功能的基础。

（4、5题共用选项）（2014年B型题）

A．蛋白质构象改变　　　　　　　　　　B．蛋白质表达水平改变

C．DNA点突变　　　　　　　　　　　　D．DNA缺失突变

4．与疯牛病发病相关的机制是

5．与镰状细胞贫血发病相关的机制是

【答案与解析】　4．A。疯牛病是由蛋白质构象改变，即由朊病毒蛋白（PrP）引起的一组人和动物神经退行性病变。正常的PrP富含α-螺旋结构，称为PrP^C。PrP^C在某种未知蛋白质的作用下可转变成全为β-折叠的PrP^{SC}，从而致病。5．C。镰状细胞贫血是由于氨基酸序列改变引起的疾病，此时β珠蛋白链第6位谷氨酸（GAG）被缬氨酸（GUG）替代，即DNA发生点突变。

6．（2015年A型题）使血清白蛋白［等电点（pI）为4.7］带正电荷的溶液pH是

A．4.0　　　　　B．5.0　　　　　C．6.0　　　　　D．7.0

【答案与解析】　6．A。溶液的pH大于某一蛋白质的pI时，该蛋白质颗粒带负电荷，反之则带正电荷。

7.（2016年A型题）"α-螺旋-β-转角-α-螺旋"属于的蛋白质结构是

A．一级结构　　　　B．三级结构　　　　C．结构模体　　　　D．结构域

【答案与解析】　7．C。参见考研真题解析第1题解析。

8.（2017年A型题）蛋白质α-螺旋的特点是

A．常为左手螺旋　　　　　　　　B．螺旋方向与长轴垂直

C．氨基酸侧链伸向螺旋外侧　　　　D．常盐键维系稳定性

【答案与解析】　8．C。α-螺旋结构是常见的蛋白质二级结构，其特点：①多肽链主链围绕中心轴旋转，螺旋的走向为顺时针方向，即所谓右手螺旋，氨基酸侧链基团伸向螺旋外侧。②每隔3.6个氨基酸残基上升1圈，螺距为0.54mm。③每个肽链的N—H与第4个肽键的羰基氧形成氢键，维持了α-螺旋结构的稳定，氢键方向与螺旋长轴基本平行。

9.（2018年A型题）蛋白质肽键的化学本质是

A．氢键　　　　B．盐键　　　　C．酰胺键　　　　D．疏水键

【答案与解析】　9．C。连接2个氨基酸的酰胺键称为肽键，维系蛋白质的一级结构。

10.（2020年X型题）蛋白质结构中常发生磷酸化的氨基酸残基有

A．丝氨酸　　　　B．苏氨酸　　　　C．酪氨酸　　　　D．苯丙氨酸

【答案与解析】　10．ABC。丝氨酸、苏氨酸和酪氨酸的侧链均含有羟基，可以发生磷酸化。

11.（2021年A型题）亮氨酸拉链属于的蛋白质结构是

A．一级结构　　　B．β-转角　　　C．结构模体　　　D．结构域

【答案与解析】　11．C。参见考研真题解析第1题解析。

12.（2022年A型题）能够证明蛋白质一级结构是空间构象基础的例子是

A．血红蛋白与氧结合的正协同效应　　　B．肌红蛋白与血红素结合

C．尿素对核糖核酸酶结构的影响　　　D．蛋白质构象的变化引起疾病

【答案与解析】　12．C。尿素使核糖核酸酶二硫键断裂，破坏一级结构，核糖核酸酶失活，其他都属于蛋白质空间结构的变化，蛋白质一级结构并没有破坏。

13.（2022年X型题）可以作为蛋白质生物合成原料掺入多肽链中的氨基酸有

A．羟脯氨酸　　　B．半胱氨酸　　　C．硒代半胱氨酸　　　D．甲硫氨酸

【答案与解析】　13．BCD。参与蛋白质生物合成的是20种基本氨基酸（包括半胱氨酸及甲硫氨酸），除20种氨基酸外，硒代半胱氨酸也参与蛋白质合成。羟脯氨酸是脯氨酸在蛋白质合成加工时的修饰产物。

二、知识点总结

本周知识点考点频率统计见表1-1。

表 1-1　蛋白质的结构与功能考点频率统计表（2012—2022 年）

年　份	蛋白质的分子组成		蛋白质的分子结构				蛋白质结构与功能的关系		蛋白质的理化性质		
	氨基酸分类	肽键	一级结构	二级结构	三级结构	四级结构	一级结构与功能关系	空间结构与功能关系	两性解离	胶体性质	变性与复性
2022	√						√				
2021					√						
2020	√										
2019											
2018		√									
2017				√							
2016					√						
2015									√		
2014			√				√	√			
2013							√				
2012					√						

（一）蛋白质的分子组成——氨基酸

1. L-α-氨基酸是蛋白质的基本结构单位　组成人体蛋白质的基本氨基酸仅有 20 种

（丙氨酸、缬氨酸、亮氨酸、异亮氨酸、脯氨酸、苯丙氨酸、色氨酸、甲硫氨酸、甘氨酸、丝氨酸、苏氨酸、半胱氨酸、酪氨酸、天冬酰胺、谷氨酰胺、赖氨酸、精氨酸、组氨酸、天冬氨酸、谷氨酸），均属 L-α-氨基酸（甘氨酸除外）。硒代半胱氨酸也参与蛋白质合成，但并不是由目前已知的密码子编码。

2. 氨基酸的分类

（1）氨基酸可根据侧链结构和理化性质可分为非极性脂肪族氨基酸、极性中性氨基酸、芳香族氨基酸、酸性氨基酸、碱性氨基酸。

（2）蛋白质翻译后氨基酸可被修饰，如甲基化、乙酰化、磷酸化等，由此改变蛋白质的性质，体现了蛋白质的多样性。

3. 氨基酸理化性质

（1）氨基酸具有两性解离的性质。

（2）色氨酸、酪氨酸的最大紫外线吸收峰在280nm附近。

4. 肽键

（1）肽键是由一个氨基酸的α-羧基与另一个氨基酸的α-氨基脱水缩合而形成的化学键。

（2）肽是由氨基酸通过肽键缩合而形成的化合物。

（3）多肽链是指许多氨基酸之间以肽键连接而成的一种结构。多肽链有N-末端和C-末端。多肽链的方向是从N-末端到C-末端。

（二）蛋白质的分子结构

1. 蛋白质一级结构

（1）概念：蛋白质的一级结构指在蛋白质分子从N-端至C-端的氨基酸排列顺序。

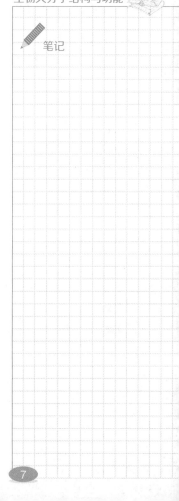

笔记

（2）主要的化学键：肽键，有些蛋白质还包括二硫键。

（3）一级结构是蛋白质空间构象和特异生物学功能的基础，但不是决定蛋白质空间构象的唯一因素。

2. 蛋白质二级结构

（1）概念：蛋白质的二级结构指蛋白质分子中某一段肽链的局部空间结构，即该段肽链主链骨架原子的相对空间位置，并不涉及氨基酸残基侧链的构象。

（2）蛋白质二级结构种类：α螺旋、β折叠、β转角和Ω环等。α-螺旋结构是常见的蛋白质二级结构，其特点为：①多肽链主链围绕中心轴旋转，螺旋的走向为顺时针方向，即右手螺旋，氨基酸侧链基团伸向螺旋外侧。②每隔3.6个氨基酸残基上升1圈，螺距为0.54nm。③每个肽链的N—H与第4个肽键的羰基氧形成氢键，维持了α-螺旋结构的稳定，氢键方向与螺旋长轴基本平行。

（3）二级结构的化学键：氢键。

3. 蛋白质三级结构

（1）概念：整条肽链中全部氨基酸残基的相对空间位置。即肽链中所有原子在三维空间的排布位置。

（2）结构模体：是2个或3个具有二级结构的肽段，在空间上相互接近，形成1个特殊的空间构象，结构模体是具有特殊功能的超二级结构。

（3）常见的结构模体形式：亮氨酸拉链（α-螺旋-α-螺旋）；钙结合蛋白分子中结合钙离子的结构模体（α-螺旋–环-α-螺旋）；锌指结构（1个α-螺旋和2个反平行的β-折叠）。

（4）结构域：分子量较大的蛋白质常可折叠成多个结构较为紧密且稳定的区域，并各行其功能，称为结构域。

（5）三级结构的主要的化学键：疏水键、离子键、氢键和范德华力等。

4．蛋白质四级结构

（1）概念：蛋白质分子中各亚基的空间排布及亚基接触部位的布局和相互作用，称为蛋白质的四级结构。

（2）亚基：许多功能性蛋白质分子含有2条或2条以上多肽链。每1条多肽链都有完整的三级结构。

（3）四级结构的主要的化学键：氢键和离子键。

（三）蛋白质结构与功能的关系

1．蛋白质一级结构是高级结构与功能的基础

（1）一级结构是空间构象的基础。

（2）一级结构相似的蛋白质具有相似的高级结构与功能。

（3）氨基酸序列提供重要的生物进化信息。

（4）重要蛋白质的氨基酸序列改变可引起疾病。以镰状细胞贫血为例，正常人血红蛋白β亚基第六位氨基酸是谷氨酸，而镰状细胞贫血患者的血红蛋白中，基因突变导致谷氨酸（GAG）变成了缬氨酸（GUG），红细胞变形为镰刀状而极易破碎，产生贫血。

2．蛋白质的功能依赖特定空间结构

（1）血红蛋白亚基与肌红蛋白结构相似：功能也相似，都能携带氧。

（2）血红蛋白亚基构象变化可影响亚基与氧结合：1个寡聚体蛋白质的1个亚基与

其配体结合后，能影响此寡聚体中另1个亚基与配体结合能力的现象，称为协同效应。有正协同效应与负协同效应，氧与血红蛋白结合属于正协同效应。

（3）蛋白质构象改变可引起疾病：若蛋白质的折叠发生错误，尽管其一级结构不变，但蛋白质的构象发生改变，仍可影响其功能，严重时可导致疾病发生。这类疾病包括人纹状体脊髓变性病、阿尔茨海默病、亨廷顿病、疯牛病等。疯牛病是由朊病毒蛋白（PrP）引起的一组人和动物神经退行性病变。正常的PrP富含α-螺旋，称为PrP^C。PrP^C在某种未知蛋白质的作用下可转变成全为β-折叠的PrP^{SC}，从而致病。

（四）蛋白质的理化性质

1. 蛋白质具有两性电离的性质　当蛋白质溶液处于某一pH时，蛋白质解离成正、负离子的趋势相等，即成为兼性离子，净电荷为零，此时溶液的pH称为等电点（pI）。pH＜pI，蛋白质解离成阳离子；pH＞pI，蛋白质解离成阴离子。

2. 蛋白质具有胶体性质　蛋白质胶体稳定的因素是蛋白质颗粒表面的电荷和水化膜。

3. 蛋白质的变性和复性

（1）概念：在某些物理和化学因素作用下，其特定的空间构象被破坏，即有序的空间结构变成无序的空间结构，从而导致其理化性质改变和生物活性的丧失。

（2）变性的本质：破坏非共价键和二硫键，不涉及一级结构中氨基酸序列的改变。

（3）造成变性的因素：如加热，乙醇等有机溶剂，强酸、强碱、重金属离子及生物碱试剂等。

（4）蛋白质复性：若蛋白质变性程度较轻，去除变性因素后，蛋白质仍可恢复或部分恢复其原有的构象和功能，称为复性。

拓展练习及参考答案

拓展练习

【填空题】

1. 蛋白质含氮量一般约为（　），构成蛋白质的基本单位是（　）。

2. 蛋白质溶液是稳定的胶体溶液，其稳定的因素是（　）、（　）。

【判断题】

1. 组成人体蛋白质的氨基酸均属 L-α-氨基酸。

2. 蛋白质三级结构涵盖了蛋白质二级结构的内容。

【名词解释】

1. 肽键

2. 分子病

【选择题】

A 型题

1. 关于 α-螺旋的叙述，下列哪项是正确的？

A. 又称随机卷曲

B. 柔软但无弹性

C. 甘氨酸有利于 α-螺旋的形成

D. 只存在于球状蛋白质中

E. 螺旋的 1 圈由 3.6 个氨基酸组成

2. 蛋白质在 280nm 处有最大的光吸收，是由下列哪组氨基酸引起？

A. 组氨酸和酪氨酸

B. 酪氨酸和色氨酸

C. 苏氨酸和苯丙氨酸

D. 谷氨酸和苯丙氨酸   E. 苯丙氨酸和组氨酸

B型题

（3、4题共用选项）

A. 一级结构   B. 二级结构   C. 超二级结构   D. 三级结构   E. 四级结构

3. 是多肽链中氨基酸的排列顺序

4. 2个或3个具有二级结构的肽段，形成1个有规则的二级结构组合

X型题

5. 蛋白质中的非共价键有

A. 氢键   B. 二硫键   C. 盐键   D. 肽键   E. 疏水键

6. 蛋白质变性后，会出现的现象有

A. 生物活性丧失   B. 溶解度降低   C. 黏度增加

D. 不易被蛋白酶水解   E. 加热凝固

【问答题】

1. 什么是蛋白质一、二、三、四级结构？维持蛋白质各级结构的化学键是什么？

2. 什么是蛋白质的变性作用？举例说明实际工作中应用和避免蛋白质变性的例子。

参考答案

【填空题】

1. 16%；氨基酸

2. 水化膜；颗粒表面电荷

【判断题】

1. ×　甘氨酸除外。

2. √

【名词解释】

1．肽键　一个氨基酸的 α- 羧基与另一个氨基酸的 α- 氨基缩合脱去一分子水形成的化学键。

2．分子病　由于遗传物质 DNA 突变而导致某蛋白质一级结构变化所引起的疾病。

【选择题】

A 型题　1．E　2．B

B 型题　3．A　4．C

X 型题　5．ACE　6．ABCE

【问答题】

1．答案见知识点总结（二）。

2．答案见知识点总结（四）3。

第2周　核酸的结构与功能

一、考研真题解析

1.（2012年A型题）具有左手螺旋的DNA结构的是

A．G-四链体DNA　B．A型DNA　　　　C．B型DNA　　　　D．Z型DNA

【答案与解析】　1．D。DNA双螺旋具有多样性，先发现的B型DNA、A型DNA为右手螺旋结构，后来又发现了左手螺旋的Z型DNA。

2.（2013年A型题）DNA理化性质中的"T_m"值所表达的含义是

A．复制时的温度　　　　　　　　B．复性时的温度

C．50%双链被打开的温度　　　　D．由B型转变成A型的温度

【答案与解析】　2．C。核酸变性是在一个相当窄的温度范围内完成，在这一范围内，紫外线吸收值达到最大值的50%时的温度称为DNA的解链温度，又称解链温度（T_m）。

3.（2014年A型题）如果一个新分离的核酸成分碱基组成为腺嘌呤（A）＝27%，鸟嘌呤（G）＝30%，胸腺嘧啶（T）＝21%，胞嘧啶（C）＝22%，这核酸分子最可能的结构是

A．单链DNA　　　　　　　　　B．双链DNA

C．单链RNA　　　　　　　　　D．DNA-RNA杂交双链

【答案与解析】 3．A。根据夏格夫（Chargaff）法则和碱基种类，可判断出为单链DNA。

4．（2014年X型题）真核生物的信使RNA（mRNA）结构包括

A．TATA盒

B．5′-末端7甲基鸟嘌呤核苷

C．3′-末端多聚腺苷酸尾

D．开放阅读框

【答案与解析】 4．BCD。大部分真核细胞mRNA的5′-端有帽子结构，为1个反式7-甲基鸟嘌呤-三磷酸核苷（m7Gppp），3′-端具有多聚腺苷酸尾［poly（A）-tail］。从成熟mRNA的5′-端起的第1个AUG至终止密码子之间的核苷酸序列称为开放阅读框（ORF）。TATA盒是位于DNA分子上启动子上游的核心序列。

5．（2015年A型题）能使外源性侵入基因表达的mRNA降解的核酸是

A．核小RNA（snRNA）

B．核内不均一RNA（hnRNA）

C．干扰小RNA（siRNA）

D．胞质小RNA（scRNA）

【答案与解析】 5．C。siRNA可以单链形式与外源基因表达的mRNA相结合并诱导相应mRNA降解。

6．（2016年A型题）关于DNA双螺旋结构的叙述，错误的是

A．碱基平面与螺旋轴垂直

B．碱基配对发生在嘌呤与嘧啶之间

C．疏水作用力和氢键维持结构的稳定

D．脱氧核糖和磷酸位于螺旋的内侧

【答案与解析】 6．D。DNA双螺旋由2条相互平行但走向相反的脱氧多核苷酸链组成，2条链以脱氧核糖和磷酸构成亲水性骨架位于螺旋外侧，右手螺旋方式围绕同一

公共轴。

7.（2016年A型题）如转运RNA（tRNA）的反密码子为GAU，其识别的密码子是

A．AUC　　　　　B．CUA　　　　　C．CAU　　　　　D．AAG

【答案与解析】 7．A。氨酰tRNA的反密码子依靠碱基互补的方式辨认mRNA的密码子，要注意$5'\rightarrow 3'$的方向。故其对应的密码子为AUC。

8.（2017年X型题）能够导致核酸分子T_m值升高的因素有

A．GC含量高　　　　　　　　　B．溶液离子强度高

C．温度提高　　　　　　　　　D．缓冲液浓度的改变

【答案与解析】 8．AB。DNA的T_m值与DNA长短及碱基的GC含量相关。GC的含量越高，T_m值越高；离子强度增高影响了介电常数，让DNA的碱基堆积力更大，更稳定，另一方面也通过稳定DNA骨架上磷酸的负离子的互相排斥而稳定DNA，故T_m值高。

9.（2018年A型题）DNA在解链温度时的变化是指

A．280nm处的吸光度增加　　　B．容易与RNA形成杂化双链

C．CG之间的氢键全部断裂　　　D．50%的双链打开

【答案与解析】 9．D。参见考研真题解析第2题解析。

10.（2019年A型题）DNA双螺旋结构中，每1螺旋的碱基对数目为10.5的结构是

A．A-DNA　　　　　B．B-DNA　　　　　C．D-DNA　　　　　D．Z-DNA

【答案与解析】 10．B。不同类型DNA的碱基数目不同。A型DNA有11对碱基，

B型DNA有10.5对碱基，Z型DNA有12对碱基。

11.（2020年A型题）不参与构成核小体核心颗粒的组蛋白是

A. H1　　　　　　B. H2A　　　　　　C. H3　　　　　　D. H4

【答案与解析】 11. A。核小体是由DNA和H1、H2A、H2B、H3、H4这5种组蛋白共同构成，其中，2分子的H2A、H2B、H3、H4构成八聚体的核心组蛋白。组蛋白H1结合在盘绕在核心组蛋白上的DNA双链的进出口，发挥着稳定核小体的功能，并不参与核小体核心颗粒构成。

12.（2021年A型题）长度大于200nt的RNA分子是

A. tRNA　　　　　　　　　　　B. 长非编码RNA（lncRNA）

C. scRNA　　　　　　　　　　　D. 微RNA（miRNA）

【答案与解析】 12. B。lncRNA是1类长度为200～100 000个核苷酸的RNA分子。miRNA可与蛋白质形成miRNA诱导的沉默复合体（miRISC），如果miRNA与靶基因mRNA不完全互补，则miRNA将与靶基因mRNA的3'-非翻译区的序列形成非完全互补的杂交双链，miRISC紧紧地结合在杂交双链上，特异性地抑制基因表达。tRNA是转运RNA。scRNA是胞质小RNA。

13.（2021年）能与mRNA的3'-端非翻译区结合从而抑制翻译的RNA是

A. tRNA　　　　　　B. lncRNA　　　　　　C. scRNA　　　　　　D. miRNA

【答案与解析】 13. D。参见考研真题解析第12题解析。

14.（2022年A型题）通常用来鉴定核酸样品纯度的指标是

A．260nm 处吸光度（A_{260}）与 280nm 处吸光度（A_{280}）的比值

B．T_m 值的大小

C．DNA 变性所需的时间

D．样品中 GC 含量

【答案与解析】 14．A。根据 A_{260} 可以判断出溶液中的 DNA 和 RNA 的含量，利用 A_{260}/A_{280} 还可以判断核酸样品的纯度，纯 DNA 的 $A_{260}/A_{280} = 1.8$，纯 RNA 的 $A_{260}/A_{280} = 2.0$。

二、知识点总结

本周知识点考点频率统计见表 2-1。

表 2-1　核酸的结构与功能考点频率统计表（2012—2022 年）

年　份	核酸的化学组成及一级结构	DNA 空间结构与功能			RNA 空间结构与功能					核酸的理化性质		
		二级结构	高级结构	DNA 功能	mRNA	tRNA	rRNA	组成性非编码 RNA	调控性非编码 RNA	紫外吸收	DNA 变性	复性
2022										√		
2021									√√			
2020			√									

续 表

年份	核酸的化学组成及一级结构	DNA空间结构与功能			RNA空间结构与功能					核酸的理化性质		
		二级结构	高级结构	DNA功能	mRNA	tRNA	rRNA	组成性非编码RNA	调控性非编码RNA	紫外吸收	DNA变性	复性
2019		√										
2018											√	
2017											√	
2016		√					√					
2015									√			
2014		√				√						
2013											√	
2012		√										

（一）核酸的化学组成及一级结构

1. 组成单位

（1）核酸的基本组成单位是核苷酸。

（2）核酸水解后产生等量的碱基、戊糖和磷酸。

（3）碱基有嘌呤碱基（鸟嘌呤、腺嘌呤）和嘧啶碱基（尿嘧啶、胸腺嘧啶、胞嘧啶）。

（4）戊糖有核糖和脱氧核糖。

2．DNA是脱氧核糖核苷酸通过3′,5′-磷酸二酯键链接形成的线性大分子。

3．RNA是核糖核苷酸通过3′,5′-磷酸二酯键链接形成的线性大分子。

4．核酸的一级结构是核苷酸的排列顺序

（1）5′-端有游离的磷酸基团，3′-端有游离的羟基。

（2）核酸的方向从5′-端到3′-端。

（二）DNA的空间结构与功能

1．DNA的二级结构是双螺旋结构

（1）DNA双螺旋结构的实验基础：①Chargaff规则。不同生物体的DNA碱基组成不同；同1个生物体不同器官或组织的DNA碱基组成相同；对于1个特定组织的DNA，DNA碱基组成不随年龄、营养状态和环境而改变；对于1个特定的生物体，A与T的摩尔数相等，G与C的摩尔数相等。②DNA是螺旋分子。

（2）DNA双螺旋结构的结构特征：①DNA由2条多聚脱氧核苷酸链围绕同1个螺旋轴形成反向平行的右手螺旋结构，双螺旋的直径为2.37nm，螺距为3.54nm。②DNA的2条多聚脱氧核苷酸链之间形成了互补碱基对，即A与T形成2个氢键，G与C形成3个氢键，碱基对平面与螺旋轴近乎垂直，每1个螺旋有10.5个碱基对，碱基对平面间的垂直距离为0.34nm，每两个相邻的碱基对之间的相对旋转角度为36°。③两条多聚脱氧核苷酸链的亲水性骨架将互补碱基对包埋在DNA双螺旋结构内部，DNA双螺旋结构的表面形成了1个大沟和1个小沟。④氢键维持双链横向稳定性，碱基堆积力维持双链纵向稳定性。

（3）DNA双螺旋结构多样性：见表2-2。

表2-2　不同类型DNA的结构参数比较

类 型	旋 向	螺距（nm）	每圈碱基数（对）	螺旋直径（nm）	骨架走行	存在条件
A型	右手	2.53	11.0	2.55	平滑	体外脱水
B型	右手	3.54	10.5	2.37	平滑	DNA生理条件
Z型	左手	4.56	12.0	1.84	锯齿型	CG序列

（4）DNA的多链结构：包括三链结构及四链结构。

2．DNA的高级结构是以超螺旋结构为基础的高度致密结构

（1）封闭环状的DNA具有超螺旋结构：绝大部分原核生物的DNA是环状的双螺旋分子。每200个碱基就有一个负超螺旋形成，负超螺旋结构避免DNA双链之间的相互纠缠，有利于DNA双链的解链。

（2）真核生物DNA被逐级有序地组装成高级结构：在细胞周期的大部分时间里，DNA以松散的染色质形式存在；在细胞分裂期，则形成高度致密的染色体。①第一次折叠。在电子显微镜下观察到的染色质具有串珠样的结构（染色质纤维）。染色质基本组成单位是核小体，它由一段双链DNA和4种碱性的组蛋白构成。八个组蛋白分子（H2A、H2B、H3和H4每种各两个）共同形成了一个组蛋白八聚体，外缠绕DNA双链1.75圈，形成核小体的核心颗粒。组蛋白H1结合在盘绕在核心组蛋白上的DNA双链的进出口处，发挥稳定核小体结构的作用。②第二次折叠。染色质纤维按照左手螺旋方式进一步盘绕卷曲，在组蛋白H1的参与下形成外径为30nm、内径为10nm的中空状螺线管，每个螺旋有六个核小体，组蛋白H1位于螺线管的内侧，继续发挥稳定螺线管的作用。③第三次折叠。中空状螺线管形成超螺线管。④第四次折叠。超螺线管形成染色单体，再组装成染色体。

3. DNA功能　DNA是主要的遗传物质。

（三）RNA的空间结构与功能

RNA分为编码RNA和非编码RNA。编码RNA是指那些从基因组上转录而来、可翻译成蛋白质的RNA，即mRNA。非编码RNA是指不编码蛋白质的RNA，分为组成性非编码RNA和调控性非编码RNA。前者包括tRNA、核糖体RNA（rRNA）、snRNA、核仁小RNA（snoRNA）、scRNA等，后者包括lncRNA、miRNA、环状RNA（circRNA）、siRNA、piwi相互作用RNA（piRNA）等。

1. mRNA是蛋白质合成的模板　mRNA丰度最小，仅占细胞RNA总重量的$2\% \sim 5\%$，约有10^5个不同种类，大小不等，平均寿命相差甚大。真核细胞在细胞核内新生成的mRNA的初级产物被称为hnRNA，经过一系列的转录后修饰而成为成熟mRNA。

（1）真核细胞mRNA的5′-端有帽结构：大部分真核生物mRNA的5′-端有一个反式的m^7Gppp的起始结构，称为5′-帽结构。5′-帽结构可与帽结合蛋白（CBP）结合形成复合体，有助于维持mRNA的稳定性，协同mRNA从细胞核向细胞质的转运，在蛋白质合成中促进核糖体和翻译起始因子的结合。

（2）真核生物mRNA的3′-端有多聚腺苷酸尾的结构：真核生物mRNA的3′-端有

笔记

1段由20～250个腺苷酸组成的多聚腺苷酸结构，称为多聚腺苷酸尾或多聚（A）尾。3′-多聚（A）尾和5′-帽结构共同负责mRNA从细胞核内向细胞质的转运、维持mRNA的稳定性及翻译起始的调控。去除3′-多聚腺苷酸尾和5′-帽结构可导致细胞内的mRNA迅速降解。

（3）hnRNA经过剪接和加工过程，剔除内含子，连接外显子，成为成熟mRNA。

2. tRNA是蛋白质合成中氨基酸的载体 约占RNA总量的15%，长度为74～95nt、结构非常稳定。

（1）tRNA含有多种稀有碱基：稀有碱基占10%～20%，系转录后修饰而成。

（2）tRNA具有特定的空间结构：tRNA的二级结构酷似三叶草形。tRNA的三级结构为倒L形。

（3）tRNA的3′-端连接着氨基酸：tRNA 3′-端为CCA，氨基酸结合在A的C-3′原子上。

（4）tRNA的反密码子能够识别mRNA的密码子：反密码环中的3个核苷酸构成了1个反密码子，反密码子与mRNA的密码子互补配对。

3. 以rRNA为主要成分的核糖体是蛋白质合成的场所 rRNA是细胞内含量最多的RNA。原核生物有5S、16S、23S共3种rRNA，真核生物有5S、5.8S、18S、28S rRNA共4种rRNA。

4. 组成性非编码RNA 作为关键因子参与了RNA的剪接和修饰、蛋白质的转运，以及调控基因表达。

（1）催化小RNA也称为核酶，具有催化特定RNA降解的活性，在RNA合成后的剪接、修饰中具有重要作用。

（2）snoRNA定位于核仁，参与rRNA的加工。

（3）snRNA富含尿嘧啶，参与真核生物mRNA的成熟过程。

（4）scRNA存在细胞质中，与蛋白质结合形成复合体后发挥功能。如参与形成信号识别颗粒，引导含有信号肽的蛋白质进入内质网进行合成。

5. 调控性非编码RNA参与了基因表达调控

（1）非编码小RNA（sncRNA）：主要有miRNA、siRNA，以及与PIWI蛋白家族成员结合才能发挥作用的小RNA，即piRNA。①编码miRNA的基因在细胞核内由RNA聚合酶Ⅱ（RNA pol Ⅱ）转录生成初级转录本初级微RNA（pri-miRNA），经加工修饰后转运至细胞质，再进行剪切、降解、修饰，最终形成成熟的miRNA。miRNA参与细胞的生长、分化、衰老、凋亡、自噬、迁移、侵袭等多种过程。②内源性siRNA由细胞自身产生。外源性siRNA来源于外源入侵的基因表达的双链RNA，经Dicer切割所产生的具有特定长度（21～23bp）和特定序列的小片段RNA；siRNA可以与AGO蛋白结合，诱导靶mRNA的降解；siRNA还有抑制转录的功能。siRNA和miRNA的比较见表2-3。③piRNA是从哺乳动物生殖细胞分离得到的一类长度约30nt的小RNA，主要存在于生殖细胞和干细胞，通过与PIWI蛋白家族成员结合形成piwi复合物来调控基因沉默。

表2-3　siRNA和miRNA的比较

比　较		siRNA	miRNA
不同点	前体	内源或外源长双链RNA诱导产生	内源发夹环结构的转录产物
	结构	双链分子	单链分子
	功能	降解mRNA	阻遏其翻译
	靶mRNA结合	需完全互补	不需完全互补
	生物学效应	抑制转座子活性和病毒感染	发育过程的调节
相同点		①均由Dicer切割产生。②长度都在22个碱基左右。③都与RNA诱导的沉默复合体（RISC）形成复合体，与mRNA作用而引起基因沉默	

（2）lncRNA：长度为200～100 000个核苷酸的RNA分子；具有类似于mRNA的结构，即有poly（A）尾和启动子，但不存在可读框；具有强烈的组织特异性与时空特异性。

（3）circRNA：呈封闭环状，表达稳定，不易降解。起mRNA海绵的作用。

（四）核酸的理化性质

1. **核酸具有强烈的紫外吸收**　碱基是含有共轭双键的杂环分子，具有强烈的紫外吸收，最大吸收峰在260nm附近。根据260nm处的吸光度（A_{260}），可确定样品DNA或RNA的含量。$A_{260} = 1.0$对应于50μg/ml双链DNA，或40μg/ml单链DNA或RNA，或20μg/ml寡核苷酸。利用260nm与280nm处的吸光度比值可以判断样品DNA或RNA的纯度。纯DNA的A_{260}与A_{280}的比值为1.8，纯RNA的A_{260}与A_{280}的比值为2.0。

2. DNA变性

（1）概念：某些极端的理化条件（温度、pH、离子强度等）可以断裂DNA双链互补碱基对之间的氢键，以及破坏碱基堆积力，使1条DNA双链解离成为2条单链，称为DNA变性。DNA变性破坏了DNA的空间结构，并未改变DNA的核苷酸序列。

（2）增色效应：DNA变性过程中，双螺旋内部的碱基暴露，含该DNA的溶液在260nm处的吸光度随之增加的现象。

（3）T_m：DNA加热变性过程中，以温度相对于A_{260}值作图，所得的曲线称为DNA解链曲线。在解链曲线上，紫外吸光度的变化（$\triangle A_{260}$）达到最大变化值的一半时所对应的温度称为T_m值。GC含量越高T_m值越高；溶液离子强度越高T_m值越高。

3. 变性的核酸可以复性或形成杂交双链

把变性条件缓慢地除去后，2条解离的DNA互补链可重新互补配对形成DNA双链，恢复原来的双螺旋结构，这一现象称为复性。热变性的DNA经缓慢冷却后可以复性，这一过程称为退火。退火产生减色效应。将热变性的DNA迅速冷却至4℃时，2条解离的互补链还来不及形成双链，DNA不能发生复性。

拓展练习及参考答案

✎ 拓展练习

【填空题】

1. 体内2种主要的环核苷酸是（　　）和（　　）。

2. 维系DNA双螺旋结构稳定的作用力：（　　）维系双链横向稳定性，（　　）维系双链纵向稳定性。

笔记

【判断题】

1. DNA双螺旋结构都是右手螺旋结构。

2. miRNA为长度约20～25个核苷酸的单链RNA，siRNA为长度约21～23个碱基对的双链RNA。

【名词解释】

1. 增色效应

2. T_m值

【选择题】

A型题

1. 关于真核细胞mRNA的叙述错误的是

A. 在5′-端有帽子结构，在3′-端有多聚腺苷酸尾

B. 生物体内各种mRNA的长短差别很大

C. 3类RNA中mRNA的合成率和转化率最快

D. 多聚腺苷酸尾是DNA的转录产物

E. 真核细胞的mRNA前身是hnRNA

2. 关于siRNA，说法错误的是

A. 可由外源入侵的双链RNA产生　　　　　　B. 可由机体细胞自身产生

C. 为双链RNA　　　　　　　　　　　　　　D. siRNA可诱导靶mRNA的降解

E. 与特异的靶mRNA不需要完全互补结合

B型题

（3、4题共用选项）

A. mRNA　　　　B. tRNA　　　　C. lncRNA　　　　D. miRNA　　　　E. siRNA

3. 具有帽子和多聚腺苷酸尾结构的是

笔记

4．为双链RNA的是

X型题

5．有关DNA分子的描述正确的是

A．由两条脱氧核苷酸链组成

B．5′-端是-OH，3′-端是磷酸基团

C．脱氧单核苷酸之间靠磷酸二酯键连接

D．5′-端是磷酸基团，3′-端是-OH

E．碱基配对为 A＝T，G≡C

6．关于mRNA的叙述，正确的是

A．由大、小2个亚基组成

B．二级结构含有局部双螺旋

C．3′-端有CCA-OH结构

D．在3种RNA中更新速度最快

E．在真核生物细胞核内由hnRNA修饰和剪接形成

【问答题】

1．试述DNA双螺旋（B型-DNA）的要点。

2．简述真核生物mRNA的结构特点。

参考答案

【填空题】

1．cAMP；cGMP

2．氢键；碱基堆积力

【判断题】

1．×　DNA双螺旋结构不仅有右手螺旋结构的B型-DNA和A型-DNA，还存在左手螺旋的Z型-DNA。

2．√

【名词解释】

1. 增色效应　是指DNA解链过程中，有更多的包埋在双螺旋结构内部的使碱基得以暴露，因此含该DNA的溶液A_{260}随之增加的现象。

2. T_m值　DNA加热变性过程中，以温度相对于A_{260}值作图，所得的曲线称为DNA解链曲线。在解链曲线上，紫外吸光度的变化（$\triangle A_{260}$）达到最大变化值的一半时所对应的温度称为T_m值。

【选择题】

A型题　1．D　2．E

B型题　3．A　4．E

X型题　5．ACDE　6．DE

【问答题】

1．答案见表2-2。

2．答案见知识点总结（三）1。

第3周　酶与酶促反应

一、考研真题解析

1.（2012年A型题）竞争性抑制时，酶促反应表现K_m值的变化是

A．增大　　　　　B．不变　　　　　C．减小　　　　　D．无规律

【答案与解析】　1．A。竞争性抑制剂与酶的底物结构相似，可与底物竞争酶的活性中心，从而阻碍酶与底物结合。当底物浓度远远大于竞争性抑制剂浓度时，几乎所有的酶分子均可与底物结合，仍可达到最大反应速率（V_{max}），但由于竞争性抑制剂的影响，酶和底物的亲和力降低，则表观米氏常数（K_m）值增大。

2.（2012年A型题）下列反应中属于酶化学修饰的是

A．强酸使酶变性失活　　　　　B．加入辅酶使酶具有活性

C．酶蛋白分子中的苏氨酸残基磷酸化　　D．小分子物质使酶构象改变

【答案与解析】　2．C。酶的共价修饰以磷酸化与去磷酸化在代谢调节中最为多见。酶蛋白分子中苏氨酸、丝氨酸或酪氨酸残基上的羟基是磷酸化修饰的位点。

3.（2012年X型题）属于酶化学修饰调节的反应有

A．乙酰化　　　　　B．磷酸化　　　　　C．腺苷化　　　　　D．泛素化

【答案与解析】　3．ABC。磷酸化与去磷酸化、乙酰化与去乙酰化、甲基化与去甲

基化、腺苷化与去腺苷化及—SH与—S—S—互变都是酶的化学修饰调节方式，其中磷酸化与去磷酸化最多见。泛素化是蛋白质在蛋白酶体通过ATP-依赖途径被降解的反应。

4．（2013年A型题）酶K_m值的大小所代表的含义是

A．酶对底物的亲和力　　　　　　B．最适的酶浓度

C．酶促反应的速度　　　　　　　D．酶抑制剂的类型

【答案与解析】　4．A。K_m值在数值上等于酶促反应速度达到最大反应速度1/2时的底物浓度。反映酶与底物的亲和力：K_m值越小，表示酶对底物的亲和力越大，反之亦然。

5．（2013年A型题）下列物质代谢调节方式中，属于快速调节的是

A．产物对酶合成的阻遏作用　　　B．酶蛋白的诱导合成

C．酶蛋白的降解作用　　　　　　D．酶的别构调节

【答案与解析】　5．D。酶促反应速率的快速调节包括酶原的激活、别构调节、化学修饰调节。

6．（2014年A型题）丙二酸对琥珀酸脱氢酶的抑制作用属于

A．竞争性抑制　　B．非竞争性抑制　　C．反竞争性抑制　　D．不可逆抑制

【答案与解析】　6．A。丙二酸与琥珀酸结构相似，竞争琥珀酸脱氢酶。

7．（2015年A型题）酶促动力学特点为表观K_m值不变，V_{max}降低，其抑制作用属于

A．竞争性抑制　　B．非竞争性抑制　　C．反竞争性抑制　　D．不可逆抑制

【答案与解析】 7．B。非竞争性抑制剂与酶活性中心外的必需基团相结合，不影响酶对底物的亲和力，因此其 K_m 值不变。而由于抑制剂与酶的结合抑制了酶的活性，等于减少了活性酶分子，使 V_{max} 降低。

8．（2018年A型题）磺胺药对二氢叶酸合成酶的抑制性质是

A．不可逆抑制　　　B．竞争性抑制　　　C．反竞争性抑制　　　D．非竞争性抑制

【答案与解析】 8．B。当年使用的教材认为细菌利用对氨基苯甲酸等在二氢叶酸合酶的催化下从头合成二氢叶酸（FH_2），进一步还原为四氢叶酸（FH_4），磺胺药与对氨基苯甲酸的化学结构相似，竞争性结合二氢叶酸合酶的活性中心，抑制 FH_2 以至于 FH_4 合成，干扰一碳单位代谢，进而干扰核酸合成，使细菌的生长受到抑制。但最新版教材认为，磺胺药与对氨基苯甲酸的化学结构相似，竞争性与二氢蝶酸合酶结合。

9．（2018年A型题）体内快速调节代谢的方式是

A．酶蛋白生物合成　　　　　　B．酶蛋白泛素化降解

C．酶蛋白化学修饰　　　　　　D．同工酶亚基的聚合

【答案与解析】 9．C。参见考研真题解析第5题解析。

10．（2019年A型题）酶通过选择特异结构的底物进行催化，但不包括的底物是

A．同类底物　　　　　　　　　B．立体异构体的底物

C．特定底物　　　　　　　　　D．特异离子键的底物

【答案与解析】 10．D。酶促反应具有高度的特异性，包括绝对特异、相对特异

性。离子键是非共价键，不需要酶作用。

11.（2021年A型题）酶促反应中"邻近效应"的含义是

A．底物在酶活性中心相互靠近　　　　B．酶与辅酶之间相互靠近

C．酶必需基团之间相互靠近　　　　　D．酶与抑制剂之间相互靠近

【答案与解析】 11. A。酶在反应中将诸底物结合到酶的活性中心使它们相互靠近，形成有利于反应的正确定向关系。

12.（2022年X型题）有关酶学中涉及的活化能，叙述正确的是

A．底物的自由能

B．底物从初态转化为过渡态所需的能量

C．底物转化为产物所需的能量

D．过渡态中间物比基态反应物高出的能量差

【答案与解析】 12. BD。酶与一般催化剂加速化学反应的机制一样，即降低反应活化能。活化能是指在一定温度下，1mol反应物从基态转变成过渡态所需要的自由能，即过渡态中间物比基态反应物高出的那部分能量。

二、知识点总结

本周知识点考点频率统计见表3-1。

笔记

表3-1　酶与酶促反应考点频率统计表（2012—2022年）

年份	酶的分子结构与功能	酶的工作原理		酶促反应动力学					酶的调节		酶在医学中的应用
		酶的特点	过渡态	底物浓度	酶浓度	温度pH	抑制剂	激活剂	快速调节	缓慢调节	
2022			√								
2021			√								
2020											
2019		√									
2018							√		√		
2017											
2016											
2015							√				
2014							√				
2013				√					√		
2012							√		√√		

（一）酶的分子结构与功能

1. 酶的分子组成中常含有辅因子

（1）单纯酶指仅含有肽链的酶。

（2）缀合酶指由酶蛋白和辅因子共同构成的酶。酶蛋白决定酶促反应的特异性及其催化机制。辅因子决定酶促反应的类型。根据辅因子与酶蛋白结合紧密程度与作用特点不同，可分为辅酶和辅基。辅酶与酶蛋白结合疏松；辅基与酶蛋白结合紧密。

辅因子多为小分子有机化合物或金属离子。小分子有机化合物多为B族维生素衍生物或卟啉化合物，参与传递电子、质子（或基团），或者起运载体作用；金属离子是最常见的辅因子，起到作为酶活性中心组成部分、连接酶与底物的桥梁、中和电荷、稳定酶的空间构象的作用。

2. 酶的活性中心　酶分子中能与底物特异性结合并催化底物转变为产物的具有特定三维结构的区域称酶的活性中心。酶的活性中心内的必需基团分为结合基团和催化基团；酶的活性中心外的必需基团不直接参与催化反应，但为维持酶的活性中心的空间构象和/或作为调节剂的结合部位所必需。酶的活性中心往往形成裂缝或凹陷，多由氨基酸残基疏水基团组成，形成疏水"口袋"。

3. 同工酶　指催化相同的化学反应，但酶蛋白的分子结构、理化性质乃至免疫学性质不同的一组酶。临床上检测血清中同工酶的活性、分析同工酶谱有助于疾病的诊断和预后的判断。

（二）酶的工作原理

1. 酶具有不同于一般催化剂的显著特点

（1）酶对底物具有极高的催化效率。

（2）酶对底物具有高度的特异性。根据酶对底物选择的严格程度，可分为相对特异性、绝对特异性。

（3）酶具有可调节性。

笔记

（4）酶具有不稳定性。

2. 酶通过促进底物形成过渡态而提高反应速率

（1）酶比一般催化剂更有效地降低反应的活化能。酶与一般催化剂加速化学反应的机制一样，即降低反应活化能。活化能是指在一定温度下，1mol反应物从基态转变成过渡态所需要的自由能，即过渡态中间物比基态反应物高出的那部分能量。

（2）酶与底物结合形成中间产物的方式如下。①诱导契合作用使酶与底物密切结合。②邻近效应与定向排布使诸底物正确定位于酶的活性中心。③表面效应使底物分子去溶剂化。

（3）酶的催化机制呈多元催化。

（三）酶促反应动力学

1. 底物浓度（[S]）对酶促反应速率（v）的影响呈矩形双曲线

（1）米－曼方程（简称米氏方程）揭示单底物反应的动力学特性：$v = \dfrac{V_{max}[S]}{K_m + [S]}$

（2）K_m 与 V_{max} 是重要的酶促反应动力学参数：①K_m 值等于酶促反应速率为最大反应速率一半时的底物浓度。K_m 是酶的特征性常数，K_m 值在一定条件下可表示酶对底物的亲和力。K_m 值越大，酶与底物亲和力越小；K_m 值越小，酶与底物亲和力越大。②V_{max} 是酶被底物完全饱和时的反应速率。③酶的转换数指当酶被底物完全饱和时，单位时间内每个酶分子（或活性中心）催化底物转变成产物的分子数。

（3）K_m 与 V_{max} 常通过林－贝作图法（又称双倒数作图法）求取，纵轴上的截距为 $1/V_{max}$，横轴上的截距为 $-1/K_m$。

2．底物饱和时酶浓度对酶促反应速率的影响呈直线关系。

3．温度对酶促反应速率的影响具有双重性。

4．pH通过改变酶分子及底物分子的解离状态影响酶促反应速率。

5．抑制剂可降低酶促反应速率

（1）不可逆性抑制：不可逆性抑制剂与酶共价结合。例如有机磷化合物抑制羟基酶的活性，可给予乙酰胆碱拮抗阿托品和胆碱酯酶复活剂解磷定以恢复酶的活性；重金属离子和砷化物抑制巯基酶的活性，可通过二巯基丙醇解除这类抑制剂对巯基酶的抑制。

（2）可逆性抑制：可逆性抑制剂与酶非共价结合，采用透析、超滤或稀释等物理方法可将抑制剂除去。可逆性抑制可分为如下两种类型。①竞争性抑制：抑制剂与底物的结构相似，能与底物竞争酶的活性中心，从而阻碍酶与底物形成中间产物，这种抑制作用称为竞争性抑制作用。抑制程度取决于抑制剂与酶的相对亲和力及底物浓度。例如丙二酸与琥珀酸竞争琥珀酸脱氢酶；磺胺类药物与对氨基苯甲酸竞争二氢蝶酸合酶。②非竞争性抑制：有些抑制剂与酶活性中心外的必需基团相结合，不影响酶与底物的结合，酶和底物的结合也不影响酶与抑制剂的结合，即底物和抑制剂之间无竞争关系。哇巴因对细胞膜Na^+，K^+-ATP酶的抑制属于此类抑制作用。③反竞争性抑制：抑制剂仅与酶和底物形成的中间产物（ES）结合，使中间产物ES的量下降。这样，既减少从中间产物转化为产物的量，也减少从中间产物解离出游离酶和底物的量。三种典型可逆性抑制作用的比较见表3-2。

表3-2　三种可逆性抑制作用的比较

作用特点	无抑制剂	竞争性抑制剂	非竞争性抑制剂	反竞争性抑制剂
抑制剂结合部位	—	酶	酶、酶与底物复合物	酶与底物复合物
表观K_m	K_m	增大	不变	减小
V_{max}	V_{max}	不变	降低	降低

6. 激活剂可提高酶促反应速率　使酶由无活性变为有活性或使酶活性增高的物质，称为酶的激活剂。大多为金属离子，少数为阴离子；也有许多有机化合物激活剂。

（四）酶的调节

1. 酶活性调节是对酶促反应速率快速调节　包括酶的别构调节、酶的化学修饰调节和酶原的激活。

（1）别构调节：一些代谢物可与某些酶分子活性中心外的某部分可逆地结合，使酶构象改变，从而改变酶的催化活性，此种调节方式称别构调节。别构效应剂通过改变酶的构象而调节酶的活性。

（2）酶的化学修饰调节：酶蛋白肽链上的一些基团可在其他酶的催化下，与某些化学基团共价结合，同时又可在另一种酶的催化下，去掉已结合的化学基团，从而影响酶的活性，酶的这种调节方式称为酶的共价修饰或酶的化学修饰调节。化学修饰调节通过某些化学基团与酶的共价可逆结合来调节酶的活性。酶的化学修饰调节包括磷酸化与去磷酸化（最常见）、乙酰化和去乙酰化、甲基化和去甲基化、腺苷化和去腺苷化、—SH与—S—S—互变。

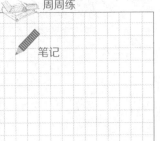

（3）酶原需要通过激活过程才能转变为有活性的酶：有些酶在细胞内合成或初分泌，或在其发挥催化功能前处于无活性状态，这种无活性的酶前体称为酶原。①酶原的激活。指在一定条件下，酶原向有活性酶转化的过程。②酶原激活的机理。在特定条件下，酶原分子中一个或几个特定的肽键断裂，水解掉一个或几个短肽，分子构象发生改变，形成或暴露出酶的活性中心。

2．酶含量的调节是对酶促反应速率的迟缓调节

（1）酶蛋白合成可被诱导或阻遏。

（2）酶降解与一般蛋白质降解途径相同。

（五）酶在医学中的应用

1．酶与疾病的发生、诊断及治疗密切相关

（1）许多疾病与酶的质和量的异常相关。

（2）体液中酶活性的改变可作为疾病的诊断指标。

（3）某些酶可作为药物用于疾病的治疗。

2．酶可作为试剂用于临床检验和科学研究。

拓展练习及参考答案

✍ 拓展练习

【填空题】

1．缀合酶的酶促反应特异性由（　　）决定，酶促反应的类型由（　　）决定。

2．酶促反应速度达到最大速度的80%时，底物浓度［S］是 K_m 的（　　）倍，而当底物浓度等于 $9K_m$

笔记

时，酶促反应速率是最大反应速率的（　　）%。

【判断题】

1. 别构酶常为多个亚基构成的寡聚体，具有协同效应。

2. 酶的活性中心由在一级结构相邻的氨基酸残基形成。

【名词解释】

1. 同工酶

2. 酶的竞争性抑制作用

【选择题】

A型题

1. 竞争性抑制剂对酶促反应速度影响是

A. $K_m\uparrow$，V_{max}不变　　　　　B. $K_m\downarrow$，$V_{max}\downarrow$　　　　　C. K_m不变，$V_{max}\downarrow$

D. $K_m\downarrow$，$V_{max}\uparrow$　　　　　E. $K_m\downarrow$，V_{max}不变

2. 别构效应剂和别构酶结合的部位是

A. 酶活性中心的底物结合部位　　　　　B. 酶分子的丝氨酸残基

C. 酶活性中心或活性中心以外的部位均可以　　　　D. 活性中心以外的调节部位

E. 别构效应剂与酶的辅因子的结合部位相同

B型题

（3、4题共用选项）

A. 丙二酸　　　　B. 解磷定　　　　C. 路易氏气　　　　D. 二巯基丙醇　　　　E. 琥珀酸

3. 琥珀酸脱氢酶的竞争性抑制剂为

4. 有毒的砷化物之一为

笔记

X型题

5. 酶的化学修饰包括

A. 磷酸化与去磷酸化　　　　B. 乙酰化与去乙酰化　　　　C. 腺苷化与去腺苷化

D. 甲基化与去甲基化　　　　E. —SH与—S—S互变

6. 迟缓调节可以通过

A. 改变酶的合成速度　　　　B. 腺苷化与去腺苷化　　　　C. 改变酶的降解速度

D. 磷酸化与去磷酸化　　　　E. 别构调节

【问答题】

1. 比较三种可逆性抑制作用的特点。

2. 金属离子作为辅因子的作用有哪些?

参考答案

【填空题】

1. 酶蛋白；辅因子

2. 4；90

【填空题】

1. √

2. ×　酶的活性中心由在空间结构相邻的氨基酸残基形成。

【名词解释】

1. 同工酶　能催化相同的化学反应，而酶蛋白的分子结构，理化性质和免疫学性质不同的一组酶。

2. 酶的竞争性抑制作用　某些与酶作用底物结构相似的物质，能与底物竞争酶的活性中心，从而阻碍酶与底物形成中间产物，这种抑制作用称为竞争性抑制作用。

笔记

【选择题】

A型题 1. A 2. D

B型题 3. A 4. C

X型题 5. ABCDE 6. AC

【问答题】

1. 答案见表3-2。
2. 答案见知识点总结（一）1（2）。

第二篇

物质代谢及其调节

笔记

第4周 糖 代 谢

一、考研真题解析

1.（2012年A型题）属于肝己糖激酶的同工酶类型是

A. Ⅰ型　　　　　　　B. Ⅱ型　　　　　　　C. Ⅲ型　　　　　　　D. Ⅳ型

【答案与解析】 1．D。哺乳动物体内已发现4种己糖激酶同工酶（Ⅰ～Ⅳ型）。肝细胞中存在的是Ⅳ型，称为葡萄糖激酶。

2.（2012年A型题）糖的无氧氧化涉及的关键酶是

A. 丙酮酸激酶　　　　　　　　　　B. 乳酸脱氢酶

C. 琥珀酸脱氢酶　　　　　　　　　D. 异柠檬酸脱氢酶

【答案与解析】 2．A。糖无氧氧化的关键酶为己糖激酶、磷酸果糖激酶-1和丙酮酸激酶。

3.（2012年A型题）三羧酸循环的关键酶是

42

笔记

A．丙酮酸激酶　　　　　　　　　　B．乳酸脱氢酶

C．琥珀酸脱氢酶　　　　　　　　　　D．异柠檬酸脱氢酶

【答案与解析】　3．D。三羧酸循环的关键酶有柠檬酸合酶、异柠檬酸脱氢酶和α-酮戊二酸脱氢酶复合体。

4．（2012年A型题）与葡糖-6-磷酸脱氢酶缺陷有关的疾病是

A．蚕豆病　　　　　　　　　　　　B．苯丙酮尿症

C．帕金森病　　　　　　　　　　　D．镰状细胞贫血

【答案与解析】　4．A。红细胞缺乏葡糖-6-磷酸脱氢酶，则红细胞不能得到充足的还原型烟酰胺腺嘌呤二核苷酸磷酸（NADPH）。使谷胱甘肽难以保持还原状态，表现为红细胞易于破裂，发生溶血性黄疸。这种溶血现象常因食用蚕豆而出现，俗称蚕豆病。

5．（2013年A型题）糖酵解途径所指的反应过程是

A．葡萄糖转变成磷酸二羟丙酮　　　B．葡萄糖转变成乙酰辅酶A（CoA）

C．葡萄糖转变成丙酮　　　　　　　D．葡萄糖转变成丙酮酸

【答案与解析】　5．D。1分子葡萄糖分解生成2分子丙酮酸的过程，称为糖酵解途径。它是葡萄糖无氧氧化和有氧氧化的共同起始途径。

6．（2013年X型题）葡糖-6-磷酸直接参与的代谢途径有

A．糖酵解　　　　B．磷酸戊糖途径　　　C．三羧酸循环　　　D．糖原分解

【答案与解析】　6．ABD。糖酵解和磷酸戊糖途径的第一步反应即为葡萄糖磷酸化生成葡糖-6-磷酸，糖原分解首先生成葡糖-1-磷酸，再转变生成葡糖-6-磷酸。

7.（2014年A型题）调节三羧酸循环的关键酶是

A．丙酮酸脱氢酶 B．苹果酸脱氢酶

C．顺乌头酸酶 D．异柠檬酸脱氢酶

【答案与解析】 7．D。参见考研真题解析第3题解析。

8.（2014年A型题）丙酮酸脱氢酶复合体中不包括的物质是

A．黄素腺嘌呤二核苷酸（FAD） B．烟酰胺腺嘌呤二核苷酸（NAD^+）

C．生物素 D．辅酶A

【答案与解析】 8．C。丙酮酸脱氢酶复合体的辅酶有焦磷酸硫胺素（TPP）、硫辛酸、FAD、NAD^+及辅酶A。

9.（2015年A型题）体内提供NADPH的主要代谢途径是

A．糖酵解途径 B．磷酸戊糖途径 C．糖的有氧氧化 D．糖异生

【答案与解析】 9．B。磷酸戊糖途径的主要意义是生成NADPH和磷酸核糖，也是体内产生NADPH的主要方式。

10.（2016年A型题）糖代谢中"巴斯德效应"的结果是

A．三羧酸循环减慢 B．乳酸生成增加

C．糖原生成增加 D．糖酵解受到抑制

【答案与解析】 10．D。巴斯德效应即糖的有氧氧化抑制糖酵解的现象。由于糖酵解受抑制，乳酸生成减少。

11.（2016年A型题）胰高血糖素促进糖异生的机制是

A．抑制磷酸果糖激酶-2的活性　　　　　B．激活磷酸果糖激酶-1

C．激活丙酮酸激酶　　　　　D．抑制磷酸烯醇式丙酮酸羧激酶的合成

【答案与解析】　11．A。胰高血糖素通过环磷酸腺苷（cAMP）和蛋白激酶A，使磷酸果糖激酶-2磷酸化而失活，降低肝细胞内果糖-2,6-二磷酸水平，从而促进糖异生而抑制糖酵解。果糖-2,6-二磷酸和腺苷-磷酸（AMP）激活磷酸果糖激酶-1的同时抑制果糖二磷酸酶-1的活性，使糖酵解启动而糖异生被抑制。

12．（2016年X型题）下列激素中，促使血糖升高的有

A．胰高血糖素　　B．糖皮质激素　　C．肾上腺素　　D．雌激素

【答案与解析】　12．ABC。体内能够升高血糖的激素主要有胰高血糖素、糖皮质激素和肾上腺素。

13．（2017年A型题）下列酶中属于糖原合成关键酶的是

A．尿苷二磷酸葡糖（UDPG）焦磷酸化酶　　　　　B．糖原合酶

C．糖原磷酸化酶　　　　　D．分支酶

【答案与解析】　13．B。糖原合酶是糖原合成过程中的关键酶，它只能使糖链不断延长，不能形成分支。

14．（2017年X型题）糖异生反应涉及的酶有

A．磷酸烯醇式丙酮酸羧激酶　　　　　B．丙酮酸羧化酶

C．葡萄糖激酶　　　　　D．磷酸果糖激酶-1

【答案与解析】　14．AB。糖异生的4个关键酶是丙酮酸羧化酶、磷酸烯醇式丙酮酸

羧激酶、果糖二磷酸酶-1和葡糖-6-磷酸酶。

15.（2018年A型题）糖酵解的生理意义是

A. 提供葡萄糖进入血液   B. 为糖异生提供原料

C. 加快葡萄糖氧化速率   D. 缺氧时快速提供能量

【答案与解析】 15. D。糖酵解最主要的生理意义在于迅速提供能量，这对肌收缩更为重要。

16.（2019年A型题）丙酮酸进入线粒体，氧化脱羧生成的产物是

A. 草酰乙酸   B. 柠檬酸   C. 乙酰CoA   D. 延胡索酸

【答案与解析】 16. C。为糖有氧氧化基本反应第二阶段反应，丙酮酸进入线粒体后，氧化脱羧生成乙酰CoA。

17.（2020年A型题）在糖无氧酵解代谢调节中，磷酸果糖激酶-1的最强别构激活剂是

A. ATP   B. 柠檬酸

C. AMP   D. 果糖-2,6-二磷酸

【答案与解析】 17. D。果糖-2,6-二磷酸是磷酸果糖激酶-1最强别构激活剂。

18.（2020年A型题）在三羧酸循环中有一次底物水平磷酸化，其生成的分子是

A. ATP   B. GTP

C. 磷酸肌酸   D. NADH（还原型烟酰胺腺嘌呤二核苷酸）＋H^+

【答案与解析】 18. B。三羧酸循环中仅有一次底物水平磷酸化，是琥珀酰CoA通过琥珀酰CoA合酶生成琥珀酸，同时把能量传递给鸟苷三磷酸（GTP）。最新版教材认

为也可有ATP生成，答案为AB。

19．（2021年A型题）参与三羧酸循环的酶是

A．琥珀酰CoA合成酶

B．羟基甲基戊二酸单酰辅酶A（HMG-CoA）还原酶

C．乙酰CoA羧化酶

D．HMG-CoA裂解酶

【答案与解析】 19．A。琥珀酰CoA合成酶催化琥珀酰CoA变成琥珀酸，是三羧酸循环中唯一的底物水平磷酸化反应。

20．（2022年A型题）糖有氧氧化调控的机制是

A．无氧酵解对有氧氧化的抑制

B．NADH增加促进有氧氧化

C．腺苷三磷酸（ATP）与腺苷二磷酸（ADP）的比值影响调节酶的活性

D．糖异生与糖酵解底物循环的平衡

【答案与解析】 20．C。糖的有氧氧化主要受能量供需平衡调节，即通过ATP与ADP的比值影响调节酶的活性。

（21、22题共用选项）（2022年B型题）

A．乙酰CoA   B．丙二酰CoA   C．异柠檬酸   D．α-酮戊二酸

21．柠檬酸裂解酶催化生成产物

22．丙酮酸脱氢酶复合体催化生成产物

【答案与解析】 21、22．A、A。柠檬酸在柠檬酸裂解酶的催化下生成乙酰CoA和草酰乙酸。丙酮酸在丙酮酸脱氢酶复合体的催化下脱氢脱羧生成乙酰CoA、CO_2和NADH。

二、知识点总结

本周知识点考点频率统计见表4-1。

表4-1　糖代谢考点频率统计表（2012—2022年）

年　份	糖的摄取与利用	糖的无氧氧化			糖的有氧氧化		磷酸戊糖途径		糖原的合成与分解			糖异生		血糖及其调节
		过程	调节	意义	过程	调节	过程	意义	合成	分解	调节	过程	意义	
2022					√√	√								
2021					√									
2020			√											
2019					√									
2018				√										
2017									√			√		
2016				√										√√
2015								√						
2014					√	√								
2013		√									√			
2012		√	√		√			√						

（一）糖的摄取与利用

1. 糖消化后以单体形式吸收

（1）糖主要在小肠中消化，口腔也可进行消化，消化产物为以葡萄糖为主的单糖。

（2）葡萄糖吸收入血依赖特定载体即Na^+依赖型葡糖转运蛋白，吸收后经门静脉入肝，再经血液循环到达身体各组织细胞。

2. 细胞摄取葡萄糖需要转运蛋白。

（二）糖的无氧氧化

1. 糖的无氧氧化分两阶段

（1）葡萄糖分解为丙酮酸：①葡萄糖磷酸化为葡糖-6-磷酸。该反应不可逆，催化此反应的酶是己糖激酶，它是糖酵解的第一个关键酶。己糖激酶有四种同工酶（Ⅰ～Ⅵ型），肝细胞中存在的是己糖激酶Ⅵ，称为葡糖激酶。②葡糖-6-磷酸由磷酸己糖异构酶催化转变为果糖-6-磷酸。③果糖-6-磷酸转变为果糖-1,6-二磷酸。该反应不可逆，由磷酸果糖激酶-1催化，是糖酵解的第二个关键酶。④磷酸己糖由醛缩酶催化裂解成磷酸二羟丙酮和3-磷酸甘油醛。⑤磷酸二羟丙酮在磷酸丙糖异构酶的催化下异构为3-磷酸甘油醛。⑥3-磷酸甘油醛氧化为高能化合物1,3-二磷酸甘油酸。该反应由3-磷酸甘油醛脱氢酶催化，脱下的氢由NAD^+接受生成$NADH＋H^+$，生成1,3-二磷酸甘油酸。⑦1,3-二磷酸甘油酸转变成3-磷酸甘油酸。磷酸甘油酸激酶催化此反应，生成3-磷酸甘油酸和ATP。这是糖酵解过程中第一次生成ATP的反应，生成ATP的方式为底物水平磷酸化，2分子1,3-二磷酸甘油酸可生成2分子ATP。⑧3-磷酸甘油酸在磷酸甘油酸变位酶作用下转变为2-磷酸甘油酸。⑨2-磷酸甘油酸由烯醇化酶催化脱水生成高能化合物磷酸烯醇式丙酮酸。⑩磷酸烯醇式丙酮酸经底物水平磷酸化生成ATP和丙酮酸。该反应由丙酮酸激酶催化，不可逆，是糖酵解的第三个限速步骤，也是第二次底物水平磷酸化反应，2分子磷酸烯醇式丙酮酸可生成2分子ATP。

（2）丙酮酸被还原为乳酸：由乳酸脱氢酶催化，所需要的NADH＋H⁺来自于上述第6步反应中的3-磷酸甘油醛的脱氢反应。

2. 糖酵解的流量调节取决于3个关键酶活性

（1）磷酸果糖激酶-1：是糖酵解流量调节最重要的关键酶，是别构调节酶。别构抑制剂有ATP和柠檬酸。别构激活剂有果糖-2,6-二磷酸（最强）、ADP、AMP、果糖-1,6-二磷酸。

（2）丙酮酸激酶：糖酵解的第二个重要的调节点。果糖-1,6-二磷酸是丙酮酸激酶的别构激活剂；ATP则对该酶有抑制作用，在肝内丙氨酸对该酶也有别构抑制作用。磷酸化可使其失活。

（3）己糖激酶受到反馈抑制调节。

3. 糖的无氧氧化为机体快速供能

（1）缺氧时迅速供能：对肌收缩更重要，净生成2分子ATP，无NADH净生成。

（2）不缺氧时为某些特殊类型的细胞供能：如无线粒体的成熟红细胞，增殖活跃的白细胞、骨髓细胞。

（三）糖的有氧氧化

机体利用氧将葡萄糖彻底分解成CO_2和H_2O并释放出大量ATP的过程。

1. 糖的有氧氧化分三阶段

（1）糖酵解：在细胞质进行反应，同无氧氧化第一阶段。

（2）丙酮酸氧化脱羧生成乙酰CoA：在胞质中生成的丙酮酸进入线粒体，脱氢脱羧生成乙酰CoA、NADH＋H⁺和CO₂。此反应由线粒体内的丙酮酸脱氢酶复合体催化，此酶复合体由丙酮酸脱氢酶、二氢硫辛酰胺转乙酰酶和二氢硫辛酰胺脱氢酶三种酶组成。此复合体含有五种辅因子，分别是TPP、硫辛酸、FAD、NAD⁺和CoA。

（3）乙酰CoA进入三羧酸循环及氧化磷酸化：乙酰CoA与草酰乙酸缩合成6个碳原子的柠檬酸，然后柠檬酸经过一系列反应重新生成草酰乙酸的循环过程称三羧酸循环。①乙酰CoA与草酰乙酸缩合成柠檬酸。此为三羧酸循环的第一个限速步骤，由柠檬酸合酶催化，反应不可逆。②在顺乌头酸酶催化下，柠檬酸异构化为异柠檬酸。③异柠檬酸氧化脱羧转变为α-酮戊二酸。此反应在异柠檬酸脱氢酶催化下脱羧生成CO₂，脱氢生成NADH＋H⁺以及α-酮戊二酸，是三羧酸循环第二个限速步骤，第一次氧化脱羧反应。④α-酮戊二酸氧化脱羧生成琥珀酰CoA。α-酮戊二酸继续氧化脱羧生成CO₂，脱氢生成NADH＋H⁺，并与CoA结合生成琥珀酰CoA，催化此反应的酶是α-酮戊二酸脱氢酶复合体，其组成类似丙酮酸脱氢酶复合体，此为三羧酸循环的第三个限速步骤，也是第二次氧化脱羧反应。⑤琥珀酰CoA合成酶催化底物水平磷酸化反应。琥珀酰CoA是高能化合物，水解生成琥珀酸的同时，生成GTP或ATP，这是三羧酸循环的唯一的底物水平磷酸化反应。⑥琥珀酸脱氢生成延胡索酸。该反应由琥珀酸脱氢酶催化，该酶是三羧酸循环中唯一与线粒体内膜结合的酶，脱下的氢生成还原型黄素腺嘌呤二核苷酸（FADH₂）。⑦延胡索酸由延胡索酸酶催化加水生成苹果酸。⑧苹果酸在苹果酸脱氢酶的催化下脱氢生成草酰乙酸。

三羧酸循环特点：4次脱氢，2次脱羧，1次底物水平磷酸化；生成1分子$FADH_2$，3分子$NADH+H^+$，2分子CO_2，1分子GTP或ATP；关键酶分别是柠檬酸合酶，异柠檬酸脱氢酶和α-酮戊二酸脱氢酶复合体。

三羧酸循环的意义：既是三大营养物质分解产能的共同通路，也是糖、脂肪、氨基酸代谢联系的枢纽。

2. 糖的有氧氧化是糖分解供能的主要方式

（1）三羧酸循环中4次脱氢反应通过电子传递链和氧化磷酸化生成大量ATP。在线粒体内，每分子NADH的氢传递给氧时，可生成2.5分子ATP，而每分子$FADH_2$的氢只能生成1.5分子ATP。加上底物水平磷酸化生成的1分子ATP，1分子乙酰CoA经三羧酸循环彻底氧化，共生成10分子ATP。若从丙酮酸脱氢开始计算，共生成12.5分子ATP。

（2）糖酵解过程中3-磷酸甘油醛脱氢生成的NADH，在供氧充足时也要转移至线粒体内，经电子传递链和氧化磷酸化产生ATP。而将NADH从细胞质运到线粒体的机制有两种，分别生成2.5分子或者1.5分子ATP。

（3）综上所述，1mol葡萄糖彻底氧化生成CO_2和H_2O，可净生成30或32mol ATP。

3. 糖的有氧氧化主要受能量供需平衡调节

（1）丙酮酸脱氢酶复合体调节乙酰CoA的生成速率。

（2）三羧酸循环的关键酶调节乙酰CoA的氧化速率。

（3）糖的有氧氧化各阶段相互协调。

4. 糖氧化产能方式的选择有组织偏好

（1）巴斯德效应：肌组织中，糖的有氧氧化抑制无氧氧化。

（2）瓦伯格（Warburg）效应：增殖活跃的细胞（如肿瘤细胞）中，即使在有氧时糖的无氧氧化也增强。

（四）磷酸戊糖途径

磷酸戊糖途径指从葡糖-6-磷酸形成旁路，通过氧化、基团转移生成果糖-6-磷酸和3-磷酸甘油醛，从而返回糖酵解的过程。该反应发生于细胞质，主要意义是提供NADPH和磷酸核糖。

1. 磷酸戊糖途径分两阶段

（1）氧化反应阶段：葡糖-6-磷酸在葡糖-6-磷酸脱氢酶等酶的催化下，先后经过2次脱氢反应，生成核糖-5-磷酸。脱下的氢生成NADPH＋H$^+$。关键酶是葡糖-6-磷酸脱氢酶。

（2）基团转移反应阶段：将核糖-5-磷酸转变为果糖-6-磷酸和3-磷酸甘油醛。

2. 磷酸戊糖途径的意义

（1）提供磷酸核糖参与核酸的生物合成。

（2）提供NADPH作为供氢体参与多种代谢反应：①为脂肪酸、胆固醇、氨基酸的合成等供氢。②参与体内羟化反应。③维持谷胱甘肽的还原状态。2分子谷胱甘肽（GSH）可脱氢生成氧化型谷胱甘肽（GSSG），后者在谷胱甘肽还原酶的作用下，被NADH重新还原为还原型谷胱甘肽，可保护一些含巯基的蛋白质或酶免受氧化剂的损害。还原型谷胱甘肽可保护红细胞膜的完整性，而葡糖-6-磷酸脱氢酶缺陷者，其红细胞不能经磷酸戊糖途径获得充足的NADPH，不足以使谷胱甘肽保持还原状态，因而表现为红细胞易于破裂，发生溶血性黄疸，这种溶血现象常在食用蚕豆后诱发，俗称蚕豆病。

（五）糖原的合成与分解

糖原是动物体内的葡萄糖多聚体，是可迅速动用的能量储备。主要储存在肝和骨骼肌。

1. 糖原合成

（1）葡萄糖活化为UDPG的步骤如下。①葡萄糖在己糖激酶作用下磷酸化生成葡糖-6-磷酸。②葡糖-6-磷酸在磷酸葡萄糖变位酶葡糖-1-磷酸。③在UDPG焦磷酸化酶催化下葡糖-1-磷酸与UTP反应生成UDPG以及释放焦磷酸。UDPG可看作"活性葡萄糖"，在体内充当葡萄糖供体。

（2）糖原合成的起始需要引物。

（3）UDPG中的葡萄糖基连接形成直链和支链。在糖原引物基础上由糖原合酶催化糖链进一步延伸。糖原合酶是糖原合成的关键酶。而糖原的分支需要在分支酶的催化下形成。

2. 糖原分解　糖原分解是指糖原分子从非还原性末端进行磷酸解而被机体快速利用。

（1）糖原磷酸化酶分解α-1,4-糖苷键释出葡糖-1-磷酸。关键酶是糖原磷酸化酶。

（2）脱支酶分解α-1,6-糖苷键释出游离葡萄糖。

（3）肝内存在葡糖-6-磷酸酶，可将葡糖-6-磷酸水解成葡萄糖释放入血，维持血糖稳定；肌组织缺乏葡糖-6-磷酸酶，葡糖-6-磷酸只能进行糖酵解，故肌糖原不能分解成葡萄糖，只能为肌收缩提供能量。

3. 糖原合成与分解的调节彼此相反 糖原合酶与糖原磷酸化酶分别是糖原合成与分解途径中的关键酶，它们的酶活性主要受磷酸化修饰和激素的调节，还可受别构调节。

（1）磷酸化修饰对两个关键酶进行反向调节。磷酸化的糖原磷酸化酶是活性形式；而去磷酸化的糖原合酶是活性形式。

（2）激素反向调节糖原的合成与分解。肝糖原分解主要受胰高血糖素调节；肌糖原分解主要受肾上腺素调节。肝糖原和肌糖原的合成主要受胰岛素调节。

（3）肝糖原和肌糖原分解受不同的别构剂调节。肝糖原磷酸化酶主要受葡萄糖别构抑制。肌糖原磷酸化酶受 AMP 激活，受 ATP 和葡糖-6-磷酸抑制。

（六）糖异生

糖异生是指由非糖化合物（乳酸、甘油、生糖氨基酸等）转变为葡萄糖或糖原的过程。

1. 糖异生不完全是糖酵解的逆反应 糖异生与糖酵解的大多数反应可逆，这些反应是共用的，但是糖酵解的3个关键酶反应不可逆，糖异生需由另外的酶催化。

（1）丙酮酸经丙酮酸羧化支路生成磷酸烯醇式丙酮酸。①丙酮酸羧化支路包括两步反应，第一步是丙酮酸在线粒体中的丙酮酸羧化酶的催化下，与活化的 CO_2 结合生成草酰乙酸。第二步是草酰乙酸经磷酸烯醇式丙酮酸羧激酶催化，转变为磷酸烯醇式丙酮酸（PEP），消耗1个高能键。两步反应共消耗2个 ATP。磷酸烯醇式丙酮酸羧激酶在线粒体和细胞质中都存在，草酰乙酸可在线粒体中直接转变为PEP再进入细胞质，也可先转运至细胞质后再转变为PEP。②草酰乙酸经苹果酸转运（伴随NADH从线粒体转到细胞质）或天冬氨酸转运转出线粒体。

（2）果糖-1,6-二磷酸水解为果糖-6-磷酸由果糖二磷酸酶-1催化完成。

（3）葡糖-6-磷酸水解为葡萄糖由葡糖-6-磷酸酶催化完成。

上述的四个酶都是糖异生的关键酶。

2. 糖异生和糖酵解主要调节两个底物循环

（1）第一个底物循环调节果糖-6-磷酸与果糖-1,6-二磷酸的互变。

（2）第二个底物循环调节磷酸烯醇式丙酮酸与丙酮酸的互变。

3. 糖异生的生理意义

（1）维持血糖恒定是肝糖异生最重要的生理作用。

（2）糖异生是补充或恢复肝糖原储备的重要途径。

（3）肾糖异生增强有利于维持酸碱平衡。

4. 乳酸循环

肌肉收缩通过糖酵解生成乳酸，乳酸通过细胞膜弥散进入血液后入肝，在肝内异生为葡萄糖，葡萄糖入血后又被肌摄取，由此构成的循环称为乳酸循环，又称Cori循环。乳酸循环形成的原因为肝内糖异生活跃，又有葡糖-6-磷酸酶，肌肉糖异生低下，没有葡糖-6-磷酸酶。乳酸循环的意义为乳酸再利用，避免乳酸的堆积引起酸中毒。

（七）血糖及其调节

1. 血糖水平恒定的生理意义

（1）脑组织不能利用脂肪酸，正常情况下主要依赖葡萄糖供能。

（2）红细胞没有线粒体，完全通过糖酵解获能。

（3）骨髓及神经组织代谢活跃，经常利用葡萄糖供能。

2. 血糖的来源与去路

（1）来源有以下三种。①食物中糖的消化吸收。②肝糖原的分解。③非糖物质的糖异生。

（2）去路有以下四种。①氧化分解产生 CO_2 和 H_2O，释放能量。②合成糖原。③磷酸戊糖途径等转变为核糖等其他糖。④转变为脂肪和氨基酸等。

3. 血糖稳态主要受激素调节

（1）胰岛素是降低血糖的主要激素。血糖升高时分泌增加，胰岛素可以促进糖原、脂肪、蛋白质合成。胰岛素调节血糖机制：①促进肌、脂肪组织等通过葡糖转运蛋白（GLUT4）摄取葡萄糖。②激活磷酸二酯酶而降低 cAMP 水平，使糖原合酶活化、磷酸化酶抑制。③激活丙酮酸脱氢酶磷酸酶，使丙酮酸脱氢酶活化。④抑制磷酸烯醇式丙酮酸羧激酶的合成，抑制肝内糖异生。⑤糖分解产生乙酰 CoA 和 NADPH 增多，促进合成脂肪酸。

（2）胰高血糖素是升高血糖的主要激素。血糖降低或血中氨基酸升高时，分泌增加，能够促进肝糖原分解和糖异生，促进脂类分解供能，其调节血糖机制：①抑制糖原合酶而激活磷酸化酶。②抑制磷酸果糖激酶-2、激活果糖二磷酸酶-2，减少果糖-2,6-二磷酸的合成，抑制糖酵解、促进糖异生。③抑制肝内丙酮酸激酶，抑制糖酵解，同时促进磷酸烯醇式丙酮酸羧激酶的合成，促进糖异生。④激活脂肪组织内激素敏感性脂肪酶，促进脂肪分解供能。

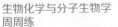

笔记

（3）糖皮质激素可升高血糖。

（4）肾上腺素是强有力的升高血糖的激素。

拓展练习及参考答案

拓展练习

【填空题】

1. 在一轮三羧酸循环中，有（　　）次底物水平磷酸化，有（　　）次脱氢反应。

2. 磷酸戊糖途径的重要生理功能是生成（　　）和（　　）。

【判断题】

1. 磷酸果糖激酶-1最强的别构激活剂是果糖-1,6-二磷酸。

2. 乙酰CoA不可以进行糖异生。

【名词解释】

1. 乳酸循环

2. 糖异生

【选择题】

A型题

1. 下列关于NADPH功能的叙述错误的是

A. 为脂肪酸合成提供氢原子　　　　B. 参与生物转化反应　　　　C. 维持谷胱甘肽的还原状态

D. 直接经电子传递链氧化供能　　　E. 为胆固醇合成提供氢原子

2. 胰岛素降低血糖是多方面作用的结果，但不包括

A. 促进葡萄糖的转运　　　　B. 加强糖原的合成　　　　C. 加速糖的有氧氧化

D. 抑制糖原的分解　　　　E. 加强脂肪动员

B 型题

（3、4题共用选项）

A. NAD$^+$　　　　　B. FAD　　　　　C. FMN

D. 烟酰胺腺嘌呤二核苷酸磷酸（NADP$^+$）　　E. 辅酶Q（CoQ）

3. 琥珀酸脱氢酶的辅酶是

4. 葡糖-6-磷酸脱氢酶的辅酶是

X 型题

5. 糖异生的原料有

A. 软脂酸　　　　　B. 甘油　　　　　C. 丙氨酸

D. 亮氨酸　　　　　E. 草酰乙酸

6. 关于糖的无氧氧化的叙正确的是

A. 整个反应过程不耗氧　　B. 该反应的终产物是乳酸　　C. 可净生成少量ATP

D. 无脱氢反应，不产生NADH　　E. 是成熟红细胞获得能量的方式

【问答题】

1. 试述三羧酸循环的过程、关键酶及生理意义。

2. 糖异生过程是否为糖酵解的逆反应？为什么？

参考答案

【填空题】

1. 1；4

2. 核糖-5-磷酸；NADPH

笔记

【判断题】

1. × 磷酸果糖激酶-1最强的别构激活剂是果糖-2,6-二磷酸。

2. √

【名词解释】

1. 乳酸循环　在肌肉中葡萄糖经糖酵解生成乳酸，乳酸经血液运到肝，肝将乳酸异生成葡萄糖。葡萄糖释入血液后又被肌摄取，这种代谢循环途径称为乳酸循环。

2. 糖异生　由非糖化合物转变为葡萄糖或糖原的过程称为糖异生。

【选择题】

A型题　1. D　2. E

B型题　3. B　4. D

X型题　5. BCE　6. ABCE

【问答题】

1. 答案见知识点总结（三）1（3）。

2. 答案见知识点总结（六）1。

第5周　生物氧化

一、考研真题解析

1.（2012年A型题）2,4-二硝基苯酚抑制氧化磷酸化的机制是

A. 解偶联　　　　　　　　　　B. 抑制电子传递

C. 抑制ATP合酶　　　　　　　D. 与复合体 I 结合

【答案与解析】 1. A。2,4-二硝基苯酚为脂溶性物质，它在线粒体内膜中可自由移动，是氧化与磷酸化的解偶联。

2.（2014年A型题）甲状腺功能亢进症患者基础代谢率增高的原因是

A. ATP合成增加　　　　　　　B. 解偶联蛋白基因表达增强

C. 细胞膜 Na^+,K^+-ATP酶活性降低　　D. ATP-ADP转位酶活性降低

【答案与解析】 2. B。甲状腺激素还可以诱导解偶联蛋白基因表达，引起物质氧化和产热比率均增加，ATP合成减少。

3.（2015年A型题）氧化磷酸化抑制剂鱼藤酮存在时，1分子琥珀酸经呼吸链传递生成的ATP数是

A. 0　　　　　　　B. 1　　　　　　　C. 1.5　　　　　　　D. 2.5

【答案与解析】 3. C。一对电子经还原型烟酰胺腺嘌呤二核苷酸（NADH）氧化

呼吸链传递，生成2.5分子ATP；一对电子经琥珀酸氧化呼吸链传递，可产生1.5分子的ATP。鱼藤酮可阻断复合体Ⅰ中从铁硫蛋白质（Fe-S）到泛醌（Q）的电子传递。

（4、5题共用选项）（2015年B型题）

A．复合体Ⅱ   B．复合体Ⅲ

C．黄素腺嘌呤二核苷酸（FAD）   D．细胞色素（Cyt）c

4．在呼吸链中氧化磷酸化偶联位点是

5．在呼吸链中仅作为递电子体的是

【答案与解析】4．B。氧化磷酸化又称偶联磷酸化，代谢物脱下的氢经线粒体氧化呼吸链电子传递释放能量，偶联ADP的磷酸化生成ATP的过程，是体内ATP生成最主要的方式。呼吸链中复合体Ⅰ、Ⅲ、Ⅳ内各存在一个氧化磷酸化的偶联位点。5．D。递氢体同时也是递电子体，但递电子体不一定是递氢体，属于单电子传递体的有Fe-S、Cyt c。

6．（2016年A型题）直接参与苹果酸–天冬氨酸穿梭的重要中间产物是

A．丙酮酸   B．磷酸二羟丙酮   C．磷酸甘油   D．草酰乙酸

【答案与解析】6．D。胞质中的$NADH+H^+$使草酰乙酸还原生成苹果酸。苹果酸经过线粒体内膜上的转运蛋白进入线粒体基质后重新生成草酰乙酸和$NADH+H^+$。基质中的草酰乙酸转变为天冬氨酸后经线粒体内膜上的转运蛋白重新回到胞质。

7．（2017年A型题）生物氧化中P/O比值的含义是

A．生成ATP摩尔数与消耗1/2摩尔O_2的比值

B. 分解蛋白质摩尔数与需要 1/2 摩尔 O_2 的比值

C. 需要的磷酸摩尔数与生成 1/2 摩尔 O_2 的比值

D. 氧化的磷脂摩尔数与消耗 1/2 摩尔 O_2 的比值

【答案与解析】 7．A。P/O 比值是指氧化磷酸化过程中，每消耗 1/2 摩尔 O_2，所需磷酸的摩尔数，即所能合成 ATP 的摩尔数。

8．（2018年 A 型题）能够促进 ATP 合酶合成 ATP 的因素是

A. 物质还原速度的加快 　　　　　B. 质子顺浓度梯度向基质回流

C. 寡霉素与 ATP 合酶相互作用 　　D. 电子从 Cyt b 向 Cyt c_1 的传递减慢

【答案与解析】 8．B。质子顺浓度梯度向基质回流时，存储的能量被 ATP 合酶充分利用，催化合成 ATP。物质氧化的速度加快和电子从 Cyt b 向 Cyt c_1 的传递加快可促进 ATP 合酶合成 ATP。寡霉素为 ATP 合酶的抑制剂，能够阻断 ATP 的合成。

9．（2018年 X 型题）能够影响氧化磷酸化的因素有

A. ADP/ATP 　　　　　　　　　　B. 甲状腺素增加

C. 线粒体 DNA 突变 　　　　　　　D. CO 阻断 Cyt a

【答案与解析】 9．ABCD。ATP/ADP 的比值可以直接影响 ATP 的产生，影响氧化磷酸化。甲状腺激素诱导细胞膜上 Na^+,K^+-ATP 酶的生成，使 ATP 加速分解为 ADP 和 Pi，ADP 浓度增加促进氧化磷酸化。线粒体 DNA 突变可直接影响电子的传递过程或 ADP 的磷酸化。CO 通过与还原型 Cyt a_3 结合，阻断电子传递给 O_2，影响氧化磷酸化。

10．（2019年 A 型题）在下列氧化呼吸链复合物中，"Q 循环"存在的复合体是

A. 复合体Ⅰ   B. 复合体Ⅱ   C. 复合体Ⅲ   D. 复合体Ⅳ

【答案与解析】 10. C。由于Q是双电子传递体，而Cyt c是单电子载体，所以复合体Ⅰ将电子从二氢泛醌（QH_2）传递给Cyt c的过程是通过"Q循环"实现的。

11. （2019年X型题）影响氧化磷酸化的因素有

A. 线粒体ADP浓度增加   B. 甲状腺激素增加

C. 线粒体DNA突变   D. ATP合酶抑制剂

【答案与解析】 11. ABCD。ATP合酶抑制剂对氧化呼吸链和磷酸化过程均抑制，其余选项参见考研真题解析第9题解析。

12. （2020年A型题）下列线粒体呼吸链成分中，不具有质子泵功能的是

A. 复合体Ⅰ   B. 复合体Ⅱ   C. 复合体Ⅲ   D. 复合体Ⅳ

【答案与解析】 12. B。复合体Ⅱ没有质子泵功能。

13. （2021年A型题）寡霉素与ATP合酶结合部位是

A. α亚基   B. β亚基   C. γ亚基   D. c亚基

【答案与解析】 13. D。ATP合酶是多蛋白组成的蘑菇样结构，含F_1和F_0两个功能结构域。动物细胞中，ATP合成酶的F_1部分主要由$α_3β_3γδε$亚基复合体和寡霉素敏感蛋白组成。F_0镶嵌在线粒体内膜中，由a、b_2、c_{9-12}亚基组成。

二、知识点总结

本周知识点考点频率统计见表5-1。

表5-1　生物氧化考点频率统计表（2012—2022年）

年　份	线粒体氧化体系及呼吸链			氧化磷酸化与ATP的生成			氧化磷酸化的影响因素					其他氧化与抗氧化体系
	递氢体	复合体	呼吸链	部位	机制	ATP生成和作用	能量状态	抑制剂	甲状腺素	DNA突变	穿梭途径	
2022												
2021								√				
2020		√										
2019		√								√		
2018					√					√		
2017												
2016				√							√	
2015		√		√						√		
2014									√			
2013												
2012								√				

（一）线粒体氧化体系及呼吸链

物质在生物体内进行的氧化分解称生物氧化。其特点是反应温和，需要酶的催化，氧化反应逐步进行，能量逐步释放。

1. 线粒体氧化体系含多种传递氢和电子的组分 NADH＋H^+和还原型黄素腺嘌呤二核苷酸（$FADH_2$）在线粒体内通过逐步、连续的酶促反应被氧化，并逐步释放能量，释放的能量主要被ADP捕获生成ATP。催化此连续反应的酶是由多个含辅因子的蛋白质复合体组成，按照一定顺序排列在线粒体内膜中，形成一个连续的递电子/氢的反应链，氧分子最终接受电子和H^+生成水，故称电子传递链，又称呼吸链。

呼吸链由位于线粒体内膜的4个蛋白质复合体、泛醌及Cyt c组成，协同完成电子传递到氧。4种蛋白质复合体分别为复合体Ⅰ、Ⅱ、Ⅲ和Ⅳ。每个复合体都由多种酶蛋白、金属离子、辅酶或辅基组成。复合体的辅因子通过得失电子的方式传递电子，有些复合体是跨膜蛋白质，可将H^+从线粒体基质侧转运至细胞质侧，形成线粒体内膜两侧H^+浓度和电荷的梯度差，释放的能量用于生成ATP。

（1）复合体Ⅰ又称NADH-泛醌还原酶或NADH脱氢酶，其功能是将NADH＋H^+中的电子传递给Q。电子传递过程：NADH→黄素单核苷酸（FMN）→Fe-S→Q。复合体Ⅰ有质子泵功能，每传递2个电子可将4个H^+从内膜基质侧泵到膜间隙侧。

（2）复合体Ⅱ又称琥珀酸−泛醌还原酶，即三羧酸循环中的琥珀酸脱氢酶，其功能是将电子从琥珀酸传递给泛醌。电子传递过程：琥珀酸→FAD→几种Fe-S→Q。复合体Ⅱ无H^+泵的功能。

（3）复合体Ⅲ又称泛醌-Cyt c还原酶，其功能是将电子从二氢泛醌传递给Cyt c。电子传递过程：QH_2→Cyt b→Fe-S→Cyt c_1→Cyt c。复合体Ⅲ的电子传递通过"Q循环"实现，有质子泵作用，每传递2个电子可将4个H^+从内膜基质侧泵到膜间隙侧。Cyt c是呼吸链唯一水溶性球状蛋白质，不包含在上述复合体中。Cyt c从Cyt c_1获得电子传递到复合体Ⅳ。

（4）复合体Ⅳ又称细胞色素C氧化酶，其功能是将电子从Cyt c传递给氧。电子传递过程：$Cyt\ c \rightarrow Cu_A \rightarrow Cyt\ a \rightarrow Cyt\ a_3 - Cu_B \rightarrow O_2$，其中$Cu_A$和$Cyt\ a_3 - Cu_B$形成双核中心，将电子传递给$O_2$。复合体Ⅳ有质子泵作用，每传递2个电子可将2个$H^+$从内膜基质侧泵到膜间隙侧。

2. NADH和FADH$_2$是呼吸链的电子供体

（1）NADH氧化呼吸链：NADH→复合体Ⅰ→Q→复合体Ⅲ→Cyt c→复合体Ⅳ→O_2

（2）琥珀酸氧化呼吸链：琥珀酸→复合体Ⅱ→Q→复合体Ⅲ→Cyt c→复合体Ⅳ→O_2

（二）氧化磷酸化与ATP的生成

1. ATP的生成方式　可分为底物水平磷酸化和氧化磷酸化。

（1）底物水平磷酸化：与底物分子的高能键水解相偶联，使ADP磷酸化生成ATP的方式。

（2）氧化磷酸化：NADH和FADH$_2$通过线粒体呼吸链被氧化生成水的过程伴随着能量的释放，驱动ADP磷酸化生成ATP。即NADH和FADH$_2$的氧化过程与ADP磷酸化过程相偶联，释放的能量用于生成ATP。

2. 氧化磷酸化偶联部位　在复合体Ⅰ、Ⅲ、Ⅳ内，可根据P/O比值及自由能变化确认。

（1）P/O比值指氧化磷酸化过程中，每消耗1/2摩尔O_2所生成ATP的摩尔数（或一对电子通过呼吸链传递给氧所生成ATP分子数）。

（2）一对电子经NADH呼吸链传递，P/O比值约为2.5，生成2.5分子ATP；一对电子经琥珀酸呼吸链传递，P/O比值约为1.5，生成1.5分子ATP。

3. 氧化磷酸化偶联机制 产生跨线粒体内膜的质子梯度。

4. 质子顺浓度梯度回流释放能量用于合成ATP ATP合酶是一种跨线粒体内膜的通道蛋白，是ATP合成场所，回流质子至基质时，催化ADP与Pi合成ATP。ATP合酶可分为F_1（亲水部分）和F_0（疏水部分）。F_1包括的亚基有α_3、β_3、γ、δ、ε，催化ATP合成，其中3个β亚基是催化亚基；F_0包括的亚基有a_1、b_2、c_{9-12}，是质子回流至基质的通道。

5. ATP在能量代谢中起核心作用 高能磷酸化合物是指那些水解时能释放较大自由能的含有磷酸基的化合物。将释放的标准自由能能量$\triangle G'$大于25kJ/mol，并将水解时释放能量较多的磷酸酯键称为高能磷酸键。常用"$\sim P$"表示。磷酸烯醇式丙酮酸、氨基甲酰磷酸、1,3-二磷酸甘油酸、磷酸肌酸、ATP、ADP、乙酰辅酶A等属于高能磷酸化合物；葡糖-6-磷酸（G-6-P）、果糖-6-磷酸（F-6-P）、葡糖-1-磷酸（G-1-P）、AMP不属于高能磷酸化合物。

（三）氧化磷酸化的影响因素

1. 体内能量状态可调节氧化磷酸化速率 耗能代谢反应活跃时，ATP分解为ADP和Pi的速率增加，使ATP/ADP的比值降低、ADP的浓度增加，氧化磷酸化速率加快。ATP和ADP的相对浓度也同时调节糖酵解、三羧酸循环途径，满足氧化磷酸化对NADH和$FADH_2$的需求。

2. 抑制剂可阻断氧化磷酸化过程

（1）呼吸链抑制剂阻断电子传递过程：①复合体 I 抑制剂。鱼藤酮、粉蝶霉素 A、异戊巴比妥等。②复合体 II 的抑制剂。萎锈灵。③复合体 III 抑制剂。抗霉素 A，阻断 Cyt b 传递电子到泛醌。④复合体 IV 抑制剂。CN^-、N_3^- 紧密结合中氧化型 Cyt a_3，阻断电子由 Cyt a 到 Cu_B-Cyt a_3 间传递；CO 与还原型 Cyt a_3 结合，阻断电子传递给 O_2。

（2）解偶联剂阻断 ADP 的磷酸化过程：二硝基苯酚结合 H^+，破坏质子梯度；内源性解偶联蛋白存在于棕色脂肪组织线粒体，使组织产热。

（3）ATP 合酶抑制剂：抑制电子传递及 ADP 磷酸化。寡霉素、二环己基碳二亚胺均可与 F_0 结合，阻断质子回流，抑制 ATP 合酶活性。

3. 甲状腺激素促进氧化磷酸化和产热

甲状腺激素促进细胞膜上 Na^+,K^+-ATP 酶的表达，使 ATP 加速分解为 ADP 和 Pi，ADP 浓度增加而促进氧化磷酸化。甲状腺激素可诱导解偶联蛋白基因表达，使氧化释能和产热比率均增加。

4. 线粒体 DNA 突变影响氧化磷酸化功能

线粒体 DNA 突变可直接影响电子的传递过程或 ADP 的磷酸化，使 ATP 生成减少而致能量代谢紊乱、引起疾病。

5. 线粒体的内膜选择性转运代谢物

细胞质中糖酵解生成的 NADH 需要通过穿梭机制进入线粒体的呼吸链才能进行氧化。这种穿梭机制有 α-磷酸甘油穿梭和苹果酸-天冬氨酸穿梭。

（1）α-磷酸甘油穿梭：主要存在于脑和骨骼肌。细胞质中的 NADH＋H^+ 与磷酸二羟丙酮在磷酸甘油脱氢酶催化下反应生成 α-磷酸甘油，α-磷酸甘油到达线粒体内膜的膜间隙侧，在线粒体内膜的磷酸甘油脱氢酶催化下生成磷酸二羟丙酮和 $FADH_2$。细胞质中的NADH通过穿梭将2H交给FAD，进入琥珀酸氧化呼吸链产生1.5分子ATP。

（2）苹果酸–天冬氨酸穿梭：主要存在于肝、心肌。细胞质中的$NADH + H^+$使草酰乙酸还原生成苹果酸。苹果酸经过线粒体内膜上的转运蛋白进入线粒体基质后重新生成草酰乙酸和$NADH + H^+$。基质中的草酰乙酸转变为天冬氨酸后经线粒体内膜上的转运蛋白重新回到细胞质，进入基质的$NADH + H^+$则通过NADH氧化呼吸链进行氧化。细胞质中的NADH通过穿梭进入NADH氧化呼吸链产生2.5分子ATP。

（四）其他氧化与抗氧化体系

1. 微粒体中的加氧酶类　微粒体细胞色素P450加单氧酶催化氧分子中的1个氧原子加到底物分子上发生羟化反应，另1个氧原子被$NADH + H^+$还原为水，单加氧酶又称混合功能氧化酶或羟化酶。

2. 线粒体呼吸链也可产生活性氧

（1）反应活性氧类：O_2的不完全还原产物，包括超氧阴离子（O_2^-）、羟自由基（·OH）、H_2O_2等，其化学性质非常活泼，氧化性强。

（2）反应活性氧类主要来源：①线粒体是细胞内95%的反应活性氧类的来源。②过氧化物酶体。③微粒体。④胞质需氧脱氢酶。⑤细菌感染、组织缺氧等病理过程。⑥环境、药物等外源因素等。

（3）抗氧化体系有清除反应活性氧类的功能：体内存在各种抗氧化酶、小分子抗氧化剂，形成了重要的防御体系以对抗反应活性氧类的副作用。抗氧化酶包括超氧化物歧化酶（SOD）、过氧化氢酶、谷胱甘肽过氧化物酶等；小分子抗氧化剂有维生素C、维生素E、β-胡萝卜素等。

拓展练习及参考答案

✎ 拓展练习

【填空题】

1. ATP的产生有两种方式，一种是（　　）另一种是（　　）。

2. 呼吸链上细胞色素的电子传递顺序是（　　）。

【判断题】

1. 组成呼吸链的4种蛋白质复合体既具有传递电子能力，也具有质子泵作用。

2. CN^-、N_3^-能阻断电子由 Cyt a 传递到 Cu_B-Cyt a_3；而 CO 能阻断电子传递给 O_2。

【名词解释】

1. 呼吸链

2. 氧化磷酸化

【选择题】

A型题

1. 生物氧化的特点不包括

A. 逐步放能　　　　　　　　B. 有酶催化　　　　　　　　C. 常温、常压下进行

D. 能量全部以热能形式释放　　E. 可产生 ATP

2. 调节氧化磷酸化最重要的激素为

A. 肾上腺素　　　　　　　　B. 肾上腺皮质激素　　　　　　C. 胰岛素

D. 甲状腺素　　　　　　　　E. 生长激素

笔记

B 型题

（3、4题共用选项）

A. 甲状腺素　　　　B. 鱼藤酮　　　　　C. CO　　　　　　D. 寡霉素　　　　　E. 2,4-二硝基苯酚

3. 抑制 ATP 合酶活性的是

4. 抑制 NADH 氧化而不抑制 FADH 氧化的是

X 型题

5. 能够传递电子有

A. NADH　　　　　B. Cyt　　　　　　C. Q　　　　　　D. $FADH_2$　　　　E. Fe-S

6. 清除反应活性氧的酶或小分子物质包括

A. 超氧化物歧化酶　　　　　　　　B. 过氧化氢酶　　　　　　　　C. 过氧化物酶

D. 维生素 C　　　　　　　　　　　E. 维生素 E

【问答题】

1. 影响氧化磷酸化的因素有哪些？

2. 简述胞质内形成的 $NADH + H^+$ 进入线粒体的两个穿梭方式。

✍ 参考答案

【填空题】

1. 底物水平磷酸化；氧化磷酸化

2. $Cyt\ b \rightarrow Cyt\ c_1 \rightarrow Cyt\ c \rightarrow Cyt\ a \rightarrow Cyt\ a_3 \rightarrow 1/2\ O_2$

【判断题】

1. ×　复合体 Ⅱ 只具有传递电子能力，没有质子泵作用。

2. √

【名词解释】

1. 呼吸链　位于线粒体内膜上起生物氧化作用的一系列酶（递氢体或递电子体），它们按一定顺序排列在内膜上，与细胞摄取氧的呼吸过程有关，故称电子传递链，又称为呼吸链。

2. 氧化磷酸化　NADH和$FADH_2$通过线粒体呼吸链被氧化生成水的过程伴随着能量的释放，驱动ADP磷酸化生成ATP，是体内产生ATP的主要方式。

【选择题】

A型题　1. D　2. D

B型题　3. D　4. B

X型题　5. ABCDE　6. ABCDE

【问答题】

1. 答案见知识点总结（三）1～4。

2. 答案见知识点总结（三）5。

笔记

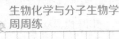

第6周 脂质代谢

一、考研真题解析

1.（2012年A型题）可以作为合成前列腺素原料的物质是

A．软脂酸 　　　B．硬脂酸 　　　C．花生四烯酸 　　　D．棕榈油酸

【答案与解析】 1．C。前列腺素为二十碳多不饱和脂肪酸的衍生物。花生四烯酸在一系列酶的作用下合成前列腺素。

2．（2012年X型题）下列关于低密度脂蛋白（LDL）的叙述，正确的有

A．LDL主要由极低密度脂蛋白（VLDL）在血浆中转变而来

B．LDL的主要功能是运输内源性甘油三酯

C．LDL受体广泛存在于各种细胞膜表面

D．LDL的密度大于高密度脂蛋白（HDL）

【答案与解析】 2．AC。LDL主要由VLDL在血浆中转变而来，是转运内源性胆固醇的主要形式。LDL受体广泛分布于全身，特别是肝、肾上腺皮质等组织的细胞膜表面，能特异识别、结合含载脂蛋白（apo）B100或apo E的脂蛋白。LDL的密度低于HDL。

3．（2013年A型题）能够逆向转运胆固醇到肝的脂蛋白是

A．乳糜微粒（CM）　　　　　　B．LDL

C．VLDL　　　　　　　　　　　D．HDL

【答案与解析】　3．D。VLDL 主要转运肝内合成的内源性甘油三酯和胆固醇到肝外，在血浆中转变为 LDL，LDL 继续转运肝内合成的内源性胆固醇到全身组织。HDL 将肝外组织细胞的胆固醇转运到肝，即逆向转运胆固醇。CM 主要转运小肠内吸收的外源性甘油三酯和胆固醇。

4．（2013年A型题）下列物质中，能够在底物水平上生成GTP的是

A．乙酰辅酶A（CoA）　　　　　B．琥珀酰CoA

C．脂肪酰CoA　　　　　　　　D．HDL

【答案与解析】　4．B。1分子琥珀酰CoA经琥珀酰CoA合成酶作用发生底物水平磷酸化，产生1分子鸟苷三磷酸（GTP）或ATP。

5．（2013年A型题）脂肪酸β-氧化的关键酶是

A．脂酰CoA脱氢酶

B．脂酰CoA合成酶

C．羟基甲基戊二酸单酰辅酶A（HMG-CoA）还原酶

D．肉碱脂酰转移酶Ⅰ

【答案与解析】　5．D。脂肪酸的β-氧化首先要在细胞质中经过脂肪酸的活化生成脂酰CoA，之后脂酰CoA进入线粒体，此步骤是脂肪酸的β-氧化限速步骤，肉碱脂酰转移酶Ⅰ是限速酶，也是此步骤的关键酶。

6.（2013年A型题）胆固醇合成的关键酶是

A．脂酰CoA脱氢酶   B．脂酰CoA合成酶

C．HMG-CoA还原酶   D．肉碱脂酰转移酶Ⅰ

【答案与解析】 6．C。HMG-CoA还原酶是胆固醇合成的关键酶，将HMG-CoA还原生成甲羟戊酸。

7.（2014年A型题）乙酰CoA出线粒体的机制是

A．苹果酸–天冬氨酸穿梭   B．三羧酸循环

C．α-磷酸甘油穿梭   D．柠檬酸–丙酮酸循环

【答案与解析】 7．D。乙酰CoA不能自由透过线粒体内膜，在线粒体内产生的乙酰CoA主要通过柠檬酸–丙酮酸循环进入细胞质。

8.（2014年A型题）下列物质中，促进脂肪酸β-氧化的是

A．柠檬酸   B．丙二酰CoA   C．肉碱   D．丙酮酸

【答案与解析】 8．C。长链脂酰CoA不能直接透过线粒体内膜，需通过肉碱协助转运。肉碱脂酰转移酶Ⅰ催化长链脂酰CoA与肉碱合成脂酰肉碱，在线粒体内膜肉碱–脂酰肉碱转位酶作用下进入线粒体基质。

（9、10题共用选项）（2014年B型题）

A．HMG-CoA合酶   B．琥珀酰CoA转硫酶

C．乙酰乙酸硫激酶   D．乙酰CoA羧化酶

9．参与酮体合成的酶是

10. 参与胆固醇合成的酶是

【答案与解析】 9. A。肝细胞内有生成酮体的酶，HMG-CoA合酶是合成的主要酶。

10. A。HMG-CoA还原酶是合成胆固醇的限速酶，但HMG-CoA合酶也参与胆固醇的合成。

11. （2014年X型题）下列反应步骤中，参与脂肪酸β-氧化的有

A. 脂酰CoA合成　　　　　　　　B. 脂酰CoA经硫解酶水解
C. 脂酰CoA经肉碱进入线粒体　　D. 脂酰CoA氧化生成乙酰CoA

【答案与解析】 11. ABCD。脂肪酸首先在细胞质中活化生成脂酰CoA，脂酰CoA通过肉碱的转运进入线粒体。在线粒体中脂酰CoA经过脱氢、加水、再脱氢、硫解4步不断循环，氧化生成乙酰CoA、还原型烟酰胺腺嘌呤二核苷酸（NADH）＋H$^+$、还原型核黄素腺嘌呤二核苷酸（FADH$_2$），最后乙酰CoA经三羧酸循环被彻底氧化生成CO$_2$和H$_2$O并释放能量。

12. （2015年A型题）可被巨噬细胞和血管内皮细胞吞噬和清除的脂蛋白是

A. LDL　　　　B. VLDL　　　　C. CM　　　　D. HDL

【答案与解析】 12. A。血浆LDL可被修饰成如氧化修饰LDL（Ox-LDL），被清除细胞即单核吞噬细胞系统中的巨噬细胞及血管内皮细胞清除。

13. （2015年A型题）胆固醇在体内的主要代谢去路

A. 合成初级胆汁酸　　　　　　　B. 直接排出体外
C. 转化为类固醇激素　　　　　　D. 转化为维生素D$_3$的前体

【答案与解析】 13．A。胆固醇最主要的代谢去路是转变为初级胆汁酸，其次可转化为类固醇激素及7-脱氢胆固醇。

（14、15题共用选项）（2015年B型题）

A．HMG-CoA合酶　　　　　　　　B．HMG-CoA还原酶

C．乙酰乙酸硫激酶　　　　　　　　D．乙酰CoA羧化酶

14．参与酮体分解的酶是

15．胆固醇合成的关键酶是

【答案与解析】 14．C。参与酮体分解的酶有琥珀酰CoA转硫酶、乙酰乙酸硫激酶、乙酰乙酰CoA硫解酶。15．B。HMG-CoA合酶、HMG-CoA还原酶参与胆固醇合成，HMG-CoA还原酶为胆固醇合成的关键酶。乙酰CoA羧化酶是脂肪酸合成的关键酶。

16．（2015年A型题）下列磷脂中，合成代谢过程需进行甲基化的是

A．磷脂酰乙醇胺　　B．磷脂酰胆碱　　　C．磷脂酰丝氨酸　　　D．磷脂酸

【答案与解析】 16．B。磷脂酰乙醇胺从S-腺苷甲硫氨酸获得3个甲基生成磷脂酰胆碱。

17．（2015年X型题）参与脂肪酸β-氧化的酶有

A．肉碱脂酰转移酶Ⅰ　　　　　　　B．肉碱脂酰转移酶Ⅱ

C．脂酰CoA脱氢酶　　　　　　　　D．乙酰乙酸硫激酶

【答案与解析】 17．ABC。脂肪酸在细胞质中被脂酰CoA合成酶活化为脂酰CoA，

笔记

脂酰CoA依赖肉碱脂酰转移酶Ⅰ、肉碱－脂酰肉碱转位酶、肉碱脂酰转移酶Ⅱ三种酶作用转运入线粒体进行β-氧化，肉碱脂酰转移酶Ⅰ是脂肪酸β-氧化的关键酶。乙酰乙酸硫激酶参与酮体的分解。

18.（2016年A型题）脂肪酸β-氧化的限速酶是

A．肉碱脂酰转移酶Ⅰ　　　　　　　B．肉碱脂酰转移酶Ⅱ

C．肉碱－脂酰肉碱转位酶　　　　　D．脂酰CoA脱氢酶

【答案与解析】　18．A。参见考研真题解析第5题解析。

（19、20题共用选项）（2016年B型题）

A．脂酰CoA　　　B．烯酰CoA　　　C．HMG-CoA　　　D．丙二酰CoA

19．酮体合成的重要中间产物是

20．胆固醇合成的重要中间产物是

【答案与解析】　19、20．C、C。酮体生成和胆固醇合成都是以乙酰CoA为原料，合成乙酰乙酰CoA，再经过HMG-CoA合酶催化合成HMG-CoA。

21．（2016年A型题）参与脂肪酸合成的代谢途径是

A．丙氨酸－葡萄糖循环　　　　　　B．柠檬酸－丙酮酸循环

C．乳酸循环　　　　　　　　　　　D．鸟氨酸循环

【答案与解析】　21．B。参见考研真题解析第7题解析。

22．（2016年X型题）胆汁酸浓度升高时可抑制的酶有

A．胆固醇7α-羟化酶

B．HMG-CoA还原酶

C．尿苷二磷酸（UDP）葡糖醛酸基转移酶

D．硫酸基转移酶

【答案与解析】 22．AB。胆固醇7α-羟化酶是胆汁酸合成的关键酶，HMG-CoA还原酶是胆固醇合成的关键酶，都可以直接或间接被高浓度胆汁酸抑制。

23．（2016年X型题）下列脂蛋白中，由肝脏合成的有

A．CM　　　　　　B．HDL　　　　　　C．LDL　　　　　　D．VLDL

【答案与解析】 23．BD。CM主要由小肠黏膜细胞合成。VLDL主要在肝脏中合成，小肠也可少量合成。LDL是在血浆中由VLDL转变而来。HDL可由肝、肠、血浆合成。

24．（2017年A型题）甲状腺功能亢进症时，患者血清胆固醇含量降低的原因是

A．胆固醇合成原料减少　　　　　　B．类固醇激素合成减少

C．胆汁酸的生成增加　　　　　　　D．HMG-CoA还原酶被抑制

【答案与解析】 24．C。胰岛素及甲状腺素能诱导HMG-CoA还原酶合成，增加胆固醇合成。甲状腺素还能促进胆固醇在肝转变为胆汁酸，所以甲状腺功能亢进症患者血清胆固醇含量降低。

（25、26题共用选项）（2019年B型题）

A．HMG-CoA合酶　　　　　　　　B．乙酰CoA羧化酶

C．HMG-CoA还原酶　　　　　　　D．脂酰CoA合成酶

25．合成酮体的酶是

26．合成脂肪酸的关键酶是

【答案与解析】 25．A。HMG-CoA 合酶是合成酮体的主要酶。HMG-CoA 还原酶是合成胆固醇的关键酶，但 HMG-CoA 合酶也参与胆固醇的合成。26．B。乙酰 CoA 转化成丙二酸单酰 CoA 是软脂酸合成的第一步反应，催化此反应的乙酰 CoA 羧化酶是脂肪酸合成的关键酶，以 Mn^{2+} 为激活剂，以生物素为辅酶。

27．（2019 年 X 型题）合成甘油磷脂的直接原料有

A．胆碱　　　　　B．丝氨酸　　　　　C．肌醇　　　　　D．谷氨酸

【答案与解析】 27．ABC。甘油磷脂的合成原料有脂肪酸、甘油、磷酸盐、胆碱、丝氨酸、肌醇、ATP、胞苷三磷酸（CTP）。其中 ATP 供能，CTP 参与乙醇胺、胆碱、甘油二酯活化。

28．（2020 年 A 型题）导致糖尿病酮症的主要脂代谢紊乱是

A．脂肪动员减弱　　　　　　　　　B．三酰甘油合成增强

C．脂肪酸 β-氧化减弱　　　　　　　D．乙酰乙酸和 β-羟丁酸增强

【答案与解析】 28．D。饥饿或糖利用障碍时，脂肪酸氧化分解增强，生成乙酰 CoA 增加。同时因糖来源不足或糖代谢障碍，草酰乙酸减少，乙酰 CoA 进入三羧酸循环受阻，导致乙酰 CoA 大量堆积，酮体生成增多。

（29、30 题共用选项）（2020 年 B 型题）

A．CM　　　　　B．VLDL　　　　　C．LDL　　　　　D．HDL

29．转运肝合成的内源性胆固醇至全身组织的脂蛋白是

30．将肝外组织细胞的胆固醇转运至肝脏的脂蛋白是

【答案与解析】 29、30．C、D。参见考研真题解析第3题解析。

31．（2021年A型题）产生酮体的酶是

A．琥珀酰CoA合成酶　　　　　　　　B．HMG-CoA还原酶

C．乙酰CoA羧化酶　　　　　　　　　D．HMG-CoA裂解酶

【答案与解析】 31．D。HMG-CoA在HMG-CoA裂解酶的裂解下生成乙酰乙酸和乙酰CoA，乙酰乙酸进一步转变生成β-羟丁酸和丙酮。

32．（2022年A型题）体内花生四烯酸的生物学作用是

A．促进鞘氨醇代谢　　　　　　　　　B．成为脂肪酸合成酶的辅酶

C．抑制胆固醇转化　　　　　　　　　D．作为慢反应物质的前体

【答案与解析】 32．D。前列腺素、血栓噁烷、白三烯（LT）是二十碳多不饱和脂肪衍生物，这些生物活性物质可由花生四烯酸为原料合成。变态反应慢反应物质是LTC_4、LTD_4和LTE_4混合物。

二、知识点总结

本周知识点考点频率统计见表6-1。

表6-1　脂质代谢考点频率统计表（2012—2022年）

年份	脂质的构成和功能	甘油三酯的代谢			磷脂代谢		胆固醇代谢		血浆脂蛋白代谢			
		分解	合成	脂肪酸的合成	甘油磷脂合成	甘油磷脂分解	合成	转化	血脂	血浆脂蛋白	脂蛋白代谢	脂蛋白代谢紊乱
2022	√											
2021		√										
2020		√									√√	
2019		√		√	√							
2018												
2017							√					
2016		√√		√			√√				√	
2015		√√			√		√	√			√	
2014		√√√		√			√					
2013		√					√			√	√	
2012	√										√	

（一）脂质的构成和功能

1. **脂质的构成**　脂肪和类脂总称为脂质。

2. **脂质具有多种复杂的生物学功能**

（1）甘油三酯是机体重要的能源物质。

（2）脂肪酸具有多种重要生理功能，具体如下。①提供必需脂肪酸。包括亚油酸、α-亚麻酸和花生四烯酸，都属于多不饱和脂肪酸。②合成不饱和脂肪酸衍生物。如前列腺素（PG）、血栓噁烷（TXA_2）、白三烯（LT）。其中TXA_2促血小板聚集，并使血管收缩促血栓形成。LTC_4、LTD_4及LTE_4被证实是变态反应的慢反应物质。③磷脂是重要的结构成分和信号分子。④胆固醇是生物膜的重要成分和具有重要生物学功能固醇类物质的前体。

3. 脂质的消化与吸收　胆汁酸盐协助脂质消化酶消化脂质，吸收的脂质经再合成进入血循环。脂质的消化与吸收所需条件如下。

（1）乳化剂：胆汁酸盐具有较强的乳化作用，能促进脂质消化。

（2）消化酶：包括胰脂酶、磷脂酶A_2、胆固醇酯酶及辅脂酶。辅脂酶本身不具脂酶活性，将胰脂酶锚定在乳化微团的脂-水界面，使胰脂酶与脂肪充分接触，发挥水解脂肪的功能。辅脂酶还可防止胰脂酶在脂-水界面上变性、失活。

（二）甘油三酯的代谢

1. 甘油三酯的分解代谢

（1）甘油三酯分解代谢从脂肪动员开始。①脂肪动员。是储存在脂肪细胞中的脂肪，在肪脂酶作用下逐步水解释放游离脂肪酸及甘油供其他组织氧化利用的过程。②脂解激素。促进脂肪动员的激素，如胰高血糖素、去甲肾上腺素、促肾上腺皮质激素（ACTH）、促甲状腺激素（TSH）等。③抗脂解激素。抑制脂肪动员，如胰岛素、前列腺素E_2、烟酸等。

（2）甘油可在肠、肝、肾组织中的甘油激酶催化下，生成3-磷酸甘油，可分解代谢或异生为葡萄糖。

（3）β-氧化是脂肪酸分解的核心过程。除脑组织外大多数组织均可进行，其中在肝、心肌、骨骼肌中分解最活跃，亚细胞定位在细胞质基质、线粒体。①脂肪酸的活化形式为脂酰CoA（细胞质基质）。存在于内质网及线粒体外膜上的脂酰CoA合成酶催化脂肪酸与CoA反应生成脂酰CoA，需要消耗2个高能键，ATP释放焦磷酸变成AMP。②脂酰CoA经肉碱转运进入线粒体。存在于线粒体外膜的肉碱脂酰转移酶Ⅰ催化肉碱与长链脂酰CoA反应生成脂酰肉碱，脂酰肉碱在线粒体内膜肉碱-脂酰肉碱转位酶作用下，到达线粒体基质，同时将肉碱转出线粒体，进入线粒体的脂酰肉碱在线粒体内膜内侧的肉碱脂酰转移酶Ⅱ作用下转变为脂酰CoA（肉碱脂酰转移酶Ⅰ是脂肪酸β-氧化的关键酶）。③脂酰CoA分解产生乙酰CoA、$FADH_2$、NADH。从脂酰基的β-碳原子开始进行脱氢（脂酰CoA脱氢酶催化生成$FADH_2$和反 Δ^2-烯脂酰CoA）、加水（烯酰CoA水化酶催化加水生成L（＋）-β羟脂酰CoA）、再脱氢（L-β羟脂酰CoA脱氢酶催化生成$NADH＋H^+$和β-酮脂酰CoA）、硫解（β-酮硫解酶催化生成1分子乙酰CoA和1分子少了2个碳原子的脂酰CoA）4个步骤反应，完成一次β-氧化。经过上述4个步骤，脂酰CoA的碳链被缩短2个碳原子。生成的乙酰CoA经三羧酸循环彻底氧化，$FADH_2$和NADH经呼吸链氧化生成ATP。④脂肪酸氧化是机体ATP的重要来源。以软脂酸为例，需要进行7次β-氧化，生成7分子$FADH_2$、7分子NADH、8分子乙酰CoA。因此1分子软脂酸彻底氧化可生成（7×1.5）＋（7×2.5）＋（8×10）＝108分子ATP，减去脂肪酸活化需要的2个高能磷酸键，可净生成106分子ATP。

（4）脂肪酸在肝分解可产生酮体。脂肪酸在肝内β-氧化产生的大量乙酰CoA，部分被转变为酮体，向肝外输出。乙酰乙酸、β-羟丁酸、丙酮三者总称为酮体。①酮体在肝生成。酮体生成以脂肪酸β-氧化生成的乙酰CoA为原料，在肝线粒体完成。2分子乙酰CoA由乙酰乙酰CoA硫解酶催化缩合成乙酰乙酰CoA；乙酰乙酰CoA与乙酰CoA在HMG-CoA合酶（酮体生成的关键酶）催化下生成HMG-CoA；在HMG-CoA裂解酶的催化下HMG-CoA裂解生成乙酰乙酸和乙酰CoA；乙酰乙酸由NADH供氢，在β-羟丁酸脱氢酶催化下还原产生β-羟丁酸，少量的乙酰乙酸转变为丙酮。②酮体在肝外组织氧化利用。β-羟丁酸脱氢、乙酰乙酸活化：β-羟丁酸在β-羟丁酸脱氢酶催化下脱氢生成乙酰乙酸；乙酰乙酸在肾、脑及骨骼肌线粒体中的琥珀酰CoA转硫酶，或者肾、心、脑线粒体中的乙酰乙酸硫激酶的催化下可生成乙酰乙酰CoA。乙酰乙酰CoA硫解生成乙酰CoA由乙酰乙酰CoA硫解酶催化。③酮体是肝向肝外组织输出能量的重要形式，并且酮体可通过血脑屏障，是肌组织尤其是脑组织的重要能源，酮体利用的增加可减少糖的利用，有利于维持血糖水平恒定，减少蛋白质的消耗。

2. 内源性脂肪酸的合成需先合成软脂酸再加工延长

（1）软脂酸的合成具体如下。①合成部位。软脂酸在细胞质中通过脂肪酶合酶复合体的催化合成，该复合体存在于肝、肾、脑、肺、乳腺及脂肪细胞等组织细胞质，其中在肝的活性最高。②合成原料。乙酰CoA、ATP、HCO_3^-、NADPH、Mn^{2+}。乙酰CoA主要来自葡萄糖分解供给，乙酰CoA和草酰乙酸在柠檬酸合酶催化下缩合生成柠檬酸，通过柠檬酸–丙酮酸循环转出线粒体。乙酰CoA和草酰乙酸在柠檬酸合酶催化下缩合生成柠檬酸，柠檬酸转运出线粒体，被细胞质中ATP-柠檬酸裂解酶裂解，重新生成乙酰CoA和草酰乙酸。细胞质中的草酰乙酸在苹果酸脱氢酶作用下还原为苹果酸，再转运入线粒体。细胞质中的苹果酸也可以在苹果酸酶作用下氧化脱羧、产生CO_2和丙酮酸，脱下的氢生成NADPH，丙酮酸进入线粒体羧化为草酰乙酸。NADPH主要来自于磷酸戊糖途径，少量由细胞质中的苹果酸酶及异柠檬酸脱氢酶催化生成。③脂肪酸合酶及反应过程。脂肪酸合成的关键酶乙酰CoA羧化酶以生物素为辅基，催化乙酰CoA与CO_2结合生成丙二酸单酰CoA。乙酰CoA及丙二酸单酰CoA经过重复加成过程合成长链脂肪酸，每次延长2个碳原子，最终释出软脂酸。

（2）软脂酸延长在内质网和线粒体内进行。内质网和线粒体中的脂肪酸延长途径分别以丙二酸单酰CoA和乙酰CoA为二碳单位供体。

（3）不饱和脂肪酸的合成需多种去饱和酶催化。①动物。有$\Delta 4$、$\Delta 5$、$\Delta 8$、$\Delta 9$去饱和酶。②植物。有$\Delta 9$、$\Delta 12$、$\Delta 15$去饱和酶。

（三）磷脂代谢

1. 甘油磷脂合成代谢

（1）合成原料：脂肪酸、甘油、磷酸盐、胆碱、丝氨酸、肌醇、ATP、CTP等。

（2）合成部位：全身各组织细胞的内质网，肝、肾、肠等组织中合成最活跃。

（3）合成途径：①甘油二酯途径。磷脂酰胆碱和磷脂酰乙醇胺通过甘油二酯途径合成；磷脂酰胆碱由磷脂酰乙醇胺从S-腺苷甲硫氨酸获得甲基生成。②CDP-甘油二酯途径。磷脂酰肌醇、磷脂酰丝氨酸及心磷脂通过CDP-甘油二酯途径合成。磷脂酰丝氨酸也可由磷脂酰乙醇胺羧化或其乙醇胺与丝氨酸交换生成。

2. 甘油磷脂的分解　在磷脂酶催化下降解，包括磷脂酶A_1、A_2、B_1、B_2、C、D等。

（四）胆固醇代谢

1. 体内胆固醇来自食物和内源性合成

（1）合成场所：胆固醇在细胞质、光面内质网膜合成。除成年动物脑组织及成熟红细胞外，几乎全身各组织均可合成，以肝、小肠为主。

（2）合成原料：乙酰CoA和NADPH是胆固醇合成基本原料。

（3）合成过程：由以HMG-CoA还原酶为关键酶的一系列酶促反应完成。2分子乙酰CoA在乙酰乙酰CoA硫解酶催化下生成乙酰乙酰CoA，在HMG-CoA合酶催化下再结合1分子乙酰CoA生成HMG-CoA。HMG-CoA在内质网HMG-CoA还原酶作用下，由NADPH提供氢，还原为甲羟戊酸。甲羟戊酸继续发生一系列反应最后生成胆固醇。

（4）胆固醇合成通过HMG-CoA还原酶调节：酶的活性具有昼夜节律性，可被磷酸化而失活，受胆固醇的反馈抑制作用。胰岛素、甲状腺素能诱导肝HMG-CoA还原酶的合成，胰高血糖素及皮质醇则能抑制HMG-CoA还原酶的活性，因而减少胆固醇的合成。甲状腺素还促进胆固醇在肝转变为胆汁酸，甲状腺功能亢进症患者血清胆固醇含量反而降低。饥饿与禁食可抑制肝合成胆固醇；摄取高糖、高饱和脂肪膳食后，胆固醇的合成增加。

2. 胆固醇的去路　胆固醇可转变为胆汁酸是体内胆固醇代谢的主要去路；胆固醇还可转化为类固醇激素和维生素D_3的前体。

（五）血浆脂蛋白代谢

1. 血脂　血脂是血浆所有脂质的统称，包括甘油三酯、磷脂、胆固醇及其酯，以及游离脂肪酸。

2. **血浆脂蛋白**　血浆脂蛋白是血脂的运输及代谢形式，血脂与血浆蛋白质结合，以血浆脂蛋白形式而运输。

（1）分类：①电泳法。根据泳动速率由快到慢可分为α-脂蛋白、前β-脂蛋白、β-脂蛋白和CM，CM不泳动。②超速离心法。按密度由低到高可分为CM、VLDL、LDL、HDL。人血浆还有中密度脂蛋白（IDL）和脂蛋白（a）[Lp（a）]。

（2）血浆脂蛋白是脂质与蛋白质的复合体：apo是血浆脂蛋白中的蛋白质部分，有20多种，apo主要有A、B、C、D、E五大类，aop A又可分为A I、A II、A VI，aop B可分为B48和B100，apo C可分为C I、C II、C III等。apo功能：①结合和转运脂质，稳定脂蛋白的结构。②参与脂蛋白受体的识别。apo A I识别HDL受体，apo B100、apo E识别LDL受体。③调节脂蛋白代谢关键酶活性。A I激活卵磷脂-胆固醇酰基转移酶（LCAT），C II激活脂蛋白脂肪酶（LPL）。

3. **血浆脂蛋白代谢及功能**

（1）CM：运输外源性TG及胆固醇酯。①小肠合成的TG和合成及吸收的磷脂、胆固醇及apo B48、apo A I、apo A II、apo A VI等组装成新生CM。②经淋巴道入血，接受HDL的apo C II、apo E，将apo A I、apo A II、apo A VI转移给HDL，形成成熟CM。③apo C II激活骨骼肌、心肌、脂肪组织毛细血管内皮细胞表面的LPL，LPL水解CM中的TG等，使CM逐渐变小，形成CM残粒。④CM残粒可被肝细胞摄取并彻底降解。

（2）VLDL：运输内源性TG及胆固醇。①肝细胞合成的TG、磷脂、胆固醇及其酯与apo B100、apo E组装成VLDL。②VLDL接受HDL的apo C II等，apo C II激活的LPL水解CM中的TG，接受HDL的胆固醇酯，转变为IDL。③部分IDL被肝细胞摄取降解，未被摄取降解的IDL其TG被LPL及肝脂肪酶进一步水解，apo E转移至HDL，最终转变为载脂蛋白只有apo B100，且脂质主要是胆固醇酯的LDL。

（3）LDL：转运肝合成的内源性胆固醇。LDL由VLDL转变而来，其代谢途径分为受体代谢途径和非受体代谢途径。①受体代谢途径。LDL受体广泛分布于肝、动脉壁细胞等全身各组织的细胞膜表面，能特异识别、结合含apo E或apo B100的脂蛋白。LDL与受体结合经内吞进入细胞与溶酶体融合，释放出氨基酸与游离胆固醇等，游离胆固醇调节细胞胆固醇代谢，使细胞获得适量的胆固醇。②非受体代谢途径。血浆中的LDL还可被修饰，修饰的LDL如氧化修饰LDL可被清除细胞即单核吞噬细胞系统中的巨噬细胞及血管内皮细胞清除。

（4）HDL：参与逆向转运胆固醇，HDL也是apo的储存库。主要在肝合成，小肠亦可合成。HDL逆向转运胆固醇的步骤如下。第一步是胆固醇从肝外细胞包括动脉平滑肌细胞及巨噬细胞等的移出，HDL是不可缺少的接受体；第二步是HDL载运胆固醇的酯化以及CE的转运；最终步骤在肝进行，合成胆汁酸或直接通过胆汁排出体外。

4. 血浆脂蛋白代谢紊乱导致脂蛋白异常血症。

拓展练习及参考答案

拓展练习

【填空题】

1. 正常人空腹血浆中主要的脂蛋白是（ ），正常人空腹血浆中几乎没有的脂蛋白是（ ），具有抗动脉粥样硬化的脂蛋白是（ ），能够转变为IDL的脂蛋白是（ ）。

2. 脂肪酸生物合成的供氢体是（　　），它主要来源于（　　）。

【判断题】

1. 酮体合成所需的乙酰CoA可来自于糖代谢。

2. 辅脂酶本身不具脂酶活性，但可通过疏水键与甘油三酯结合，通过氢键与胰脂酶结合，是胰脂酶发挥脂肪消化作用必不可少的辅助因子。

【名词解释】

1. 脂肪动员

2. 酮体

【选择题】

A型题

1. 1摩尔软脂完全氧化生成CO_2和H_2O，可净生成ATP的摩尔数为

A. 100　　　　　B. 102　　　　　C. 106　　　　　D. 108　　　　　E. 120

2. Ⅰ型高脂血症升高的脂蛋白是

A. HDL　　　　　B. LDL　　　　　C. IDL　　　　　D. VLDL　　　　　E. CM

B型题

（3、4题共用选项）

A. LDL　　　　　B. VLDL　　　　　C. HDL　　　　　D. CM　　　　　E. Alb

3. 转运外源性甘油三酯的是

4. 转运游离脂肪酸的是

X型题

5. 胆固醇在人体内可转化成

A. CO_2和H_2O　　　B. 胆汁酸　　　　C. 类固醇激素　　　D. 性激素　　　　E. 维生素D_3

笔记

6. 关于 LDL 受体，说法正确的有

A. 能识别含 apo B100 的 LDL
B. 全部血浆 LDL 都是通过 LDL 受体降解
C. 能识别含 apo E 的脂蛋白
D. 广泛地分布于机体各种组织细胞膜
E. 其合成受细胞内游离胆固醇的反馈调节

【问答题】

1. 什么是血浆脂蛋白，它们的来源及主要功能是什么？

2. 简述脂肪酸有氧氧化过程。

✎ 参考答案

【填空题】

1. LDL；CM；HDL；VLDL

2. NADPH；磷酸戊糖途径

【判断题】

1. ×　酮体合成所需的乙酰 CoA 全部来自于脂肪酸 β-氧化。

2. √

【名词解释】

1. 脂肪动员　是脂肪细胞内储存的脂肪在脂肪酶的作用下逐步水解释放游离脂肪酸和甘油以供其他组织利用的过程。

2. 酮体　是脂肪酸在肝内分解代谢生成的中间产物，包括乙酰乙酸，β-羟丁酸和丙酮。

【选择题】

A 型题　1. C　2. E

B 型题　3. D　4. E

X型题　5．BCDE　6．ACDE

【问答题】

1．答案见知识点总结（五）2、3。

2．答案见知识点总结（二）1（3）。

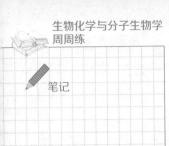

第7周　蛋白质消化吸收和氨基酸代谢

一、考研真题解析

1.（2012年A型题）氨的运输所涉及的机制是

　　A．丙氨酸–葡萄糖循环　　　　　　B．三羧酸循环

　　C．核蛋白体循环　　　　　　　　　D．甲硫氨酸循环

【答案与解析】　1. A。骨骼肌中的氨基酸经转氨基作用将氨基转给丙酮酸生成丙氨酸，丙氨酸经血液运往肝。在肝中，丙氨酸通过联合脱氨基作用生成丙酮酸，并释放氨。氨用于合成尿素时，丙酮酸经糖异生途径生成葡萄糖，葡萄糖经血液运往骨骼肌，沿糖酵解途径转变成丙酮酸，后者再接受氨基生成丙氨酸。丙氨酸和葡萄糖周而复始的转变，完成骨骼肌和肝之间氨的转运，称为丙氨酸–葡萄糖循环。

2.（2012年A型题）与多巴胺生成障碍有关的疾病是

　　A．蚕豆病　　　　　　　　　　　　B．苯丙酮尿症

　　C．帕金森病　　　　　　　　　　　D．镰状细胞贫血

【答案与解析】　2. C。酪氨酸在肾上腺髓质和神经组织羟化转变为多巴，然后脱羧生成多巴胺。多巴胺是一种神经递质，帕金森病患者多巴胺生成减少。

3.（2013年A型题）可以作为一碳单位来源的氨基酸是

A．丝氨酸　　　　　B．丙氨酸　　　　　C．亮氨酸　　　　　D．甲硫氨酸

【答案与解析】 3．A。一碳单位主要来自丝氨酸、甘氨酸、组氨酸及色氨酸的分解代谢。

4．（2014年A型题）骨骼肌中氨基酸脱氨基作用的主要方式是

A．嘌呤核苷酸循环

B．谷氨酸氧化脱氨基作用

C．转氨基作用

D．谷氨酰胺酶参与的脱氨基作用

【答案与解析】 4．A。在骨骼肌和心肌中的氨基酸通过嘌呤核苷酸循环脱去氨基。

5．（2014年A型题）鸟氨酸循环启动的限速酶是

A．氨基甲酰磷酸合成酶Ⅰ

B．精氨酸代琥珀酸裂解酶

C．氨基甲酰磷酸合成酶Ⅱ

D．腺苷酸代琥珀酸合成酶

【答案与解析】 5．A。启动鸟氨酸循环的限速酶是氨基甲酰磷酸合成酶Ⅰ，其功能是在肝线粒体中将NH_3、CO_2和ATP缩合生成氨基甲酰磷酸，此反应不可逆。

6．（2015年A型题）在尿素生成过程中，直接提供氨基的氨基酸是

A．天冬氨酸　　　　B．谷氨酸　　　　　C．精氨酸　　　　　D．鸟氨酸

【答案与解析】 6．A。合成尿素需要2分子氮原子，其中1个来自游离NH_3另1个来自天冬氨酸的氨基。

（7、8题共用选项）（2015年B型题）

A．精氨酸代琥珀酸合成酶

B．精氨酸代琥珀酸裂解酶

C．腺苷酸代琥珀酸合成酶

D．次黄嘌呤核苷酸（IMP）脱氢酶

7. 鸟氨酸循环启动后的限速酶是

8. 参与嘌呤核苷酸循环脱氨基机制的酶是

【答案与解析】 7、8. A、C。精氨酸代琥珀酸合成酶是鸟氨酸循环启动后的关键酶，氨基甲酰磷酸合成酶Ⅰ是鸟氨酸循环启动的关键酶。嘌呤核苷酸循环需要腺苷酸代琥珀酸合成酶参与。

9.（2016年A型题）N-乙酰谷氨酸（AGA）是尿素合成的限速酶的激活剂，可通过促进AGA合成而加快尿素合成的氨基酸是

　　A．瓜氨酸　　　　　B．精氨酸　　　　　C．鸟氨酸　　　　　D．谷氨酸

【答案与解析】 9. B。氨基甲酰磷酸合成酶（CPS）-1是尿素循环启动的关键酶，AGA是CPS-1的别构激活剂，而精氨酸是AGA合成酶的激活剂。

10.（2016年A型题）参与血氨转运的代谢途径是

　　A．丙氨酸-葡萄糖循环　　　　　　　　B．柠檬酸-丙酮酸循环

　　D．鸟氨酸循环　　　　　　　　　　　　C．乳酸循环

【答案与解析】 10. A。参见考研真题解析第1题解析。

11.（2017年A型题）食物蛋白质营养价值指的是

　　A．蛋白质的含量　　　　　　　　　　　B．蛋白质与脂肪的比值

　　C．蛋白质的吸收速率　　　　　　　　　D．蛋白质在体内的利用率

【答案与解析】 11. D。食物蛋白质营养价值指的是蛋白质在体内的利用率，蛋白质营养价值的高低主要取决于必需氨基酸的种类及比例，一般来说，含必需氨基酸的种

类多、比例高的蛋白质，其营养价值高。

12.（2017年X型题）需要S-腺苷甲硫氨酸参与的反应有

A. 磷脂酰胆碱生物合成　　　　　B. 各种不同形式一碳单位的转换

C. 肌酸的生物合成　　　　　　　D. 去甲肾上腺素转变为肾上腺素

【答案与解析】　12．ACD。甲硫氨酸分子中含有S-甲基，通过各种转甲基作用可生成多种含甲基的生理活性物质，如肾上腺素、肉碱、胆碱及肌酸等。各种一碳单位之间可以通过氧化还原反应而彼此转变。

13.（2017年X型题）下列属于蛋白质体内分解代谢途径的有

A. 溶酶体降解　　B. 氨基酸脱氨基　　C. 甲硫氨酸循环　　D. 泛素化

【答案与解析】　13．AD。蛋白质的降解有两条重要途径。一条是在溶酶体内通过ATP非依赖途径降解；另一条是在蛋白酶体内通过ATP依赖途径降解，此途径需要先由泛素标记目标蛋白，而后才能被相应的酶降解。

14.（2018年X型题）参与血液中氨运输的主要氨基酸有

A. 丙氨酸　　　　B. 鸟氨酸　　　　C. 谷氨酰胺　　　　D. 谷氨酸

【答案与解析】　14．AC。氨通过丙氨酸-葡萄糖循环从骨骼肌运往肝；氨通过谷氨酰胺从脑和骨骼肌等组织运往肝或肾。

（15、16题共用选项）（2019年B型题）

A. 丙氨酸　　　　B. 丝氨酸　　　　C. 天冬氨酸　　　　D. 酪氨酸

15．作为一碳单位原料的氨基酸是

笔记

16. 在鸟氨酸循环中作为氨直接供体的氨基酸是

【答案与解析】 15、16. B、C。第15题参见考研真题解析第3题解析，第16题解析参见考研真题解析第6题解析。

17.（2020年A型题）血液中氨运输的机制是

A. 乳酸循环

B. 甲硫氨酸循环

C. 葡萄糖–丙氨酸循环

D. 柠檬酸–丙酮酸循环

【答案与解析】 17. C。参见考研真题解析第1题解析。

18.（2021年A型题）肌组织中氨基酸脱氨基的方式是

A. 甲硫氨酸循环

B. 三羧酸循环

C. 乳酸循环

D. 丙氨酸–葡萄糖循环

【答案与解析】 18. D。参见考研真题解析第1题解析。

19.（2021年X型题）下列属于营养必需氨基酸的是

A. 赖氨酸

B. 色氨酸

C. 亮氨酸

D. 组氨酸

【答案与解析】 19. ABCD。营养必需氨基酸是体内需要而不能自身合成，必须由食物提供的氨基酸，包括亮氨酸、异亮氨酸、苏氨酸、缬氨酸、赖氨酸、甲硫氨酸、苯丙氨酸、色氨酸、组氨酸。

20.（2022年A型题）泛素化所涉及反应是什么

A. 多肽链的合成

B. 蛋白质亚基的聚合

C. 消化道内蛋白质的分解

D. 体内蛋白质的降解

【答案与解析】 20．D。真核细胞内蛋白质的降解有两条重要途径，在溶酶体内通过ATP非依赖途径降解，在蛋白酶体内通过ATP依赖的泛素途径降解。

二、知识点总结

本周知识点考点频率统计见表7-1。

表7-1　蛋白质消化吸收和氨基酸代谢考点频率统计表（2012—2022年）

年　份	蛋白质的营养价值	氨基酸的一般代谢		氨的代谢			个别氨基酸的代谢			
		蛋白质分解	脱氨基	来源	运输	去路	脱羧基	一碳单位	含硫氨基酸	芳香氨基酸
2022		√								
2021	√				√					
2020					√					
2019						√		√		
2018					√					
2017	√	√							√	
2016					√	√				
2015			√			√√				
2014			√			√				
2013								√		
2012					√					√

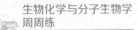

（一）蛋白质的营养价值

1. **营养必需氨基酸** 体内需要而不能自身合成，必须由食物提供的氨基酸，包括亮氨酸、异亮氨酸、苏氨酸、缬氨酸、赖氨酸、甲硫氨酸、苯丙氨酸、色氨酸、组氨酸。

2. **蛋白质的营养值** 蛋白质的营养价值主要取决于必需氨基酸的种类和比例。

（二）氨基酸的一般代谢

1. **体内蛋白质分解生成氨基酸**

（1）蛋白质以不同的速率进行降解。

（2）真核细胞内蛋白质的降解，可分为两条途径。①在溶酶体中降解属于ATP非依赖途径，组织蛋白酶负责降解，降解外源性蛋白、膜蛋白和长寿命的细胞内蛋白。②在蛋白酶体中降解属于ATP依赖的泛素途径，需要泛素参与，消耗ATP，蛋白酶体负责降解，降解异常蛋白和短寿命蛋白。

2. **氨基酸脱氨基作用**

（1）转氨基作用：指在转氨酶的作用下，某一氨基酸去掉α-氨基生成相应的α-酮酸，而另一种α-酮酸得到此氨基生成相应的氨基酸的过程。氨基转移酶简称转氨酶，其辅酶是磷酸吡哆醛，在转氨酶的催化下，通过磷酸吡哆醛与磷酸吡哆胺的互变起着传递氨基的作用。体内有多种转氨酶，以L-谷氨酸和α-酮酸的转氨酶最为重要，如谷丙转氨酶（GPT）和谷草转氨酶（GOT）。①谷丙转氨酶（GPT），在肝中活性较高，肝疾病时，血清GPT活性明显升高。②谷草转氨酶（GOT），在心肌中活性较高，心肌疾患时，血清GOT活性明显升高。

（2）氧化脱氨基：L-谷氨酸脱氢酶催化L-谷氨酸氧化脱氨基，生成α-酮戊二酸，脱下的氢既可以由烟酰胺腺嘌呤二核苷酸（NAD^+）也可以由烟酰胺腺嘌呤二核苷酸磷酸（$NADP^+$）接受，生成还原型烟酰胺腺嘌呤二核苷酸（NADH）或者还原型烟酰胺腺嘌呤二核苷酸磷酸（NADPH）。

（3）联合脱氨作用：即转氨基作用与L-谷氨酸的氧化脱氨基作用偶联进行。主要在肝、肾组织进行，是氨基酸脱氨基的主要方式。

（4）嘌呤核苷酸循环：是骨骼肌和心肌的主要脱氨基途径。其过程为氨基酸首先通过转氨基作用将氨基转移给草酰乙酸，生成天冬氨酸；天冬氨酸与次黄嘌呤核苷酸在腺苷酸代琥珀酸合成酶催化下生成腺苷酸代琥珀酸，接着在腺苷酸代琥珀酸裂解酶催化下裂解生成AMP及延胡索酸，AMP在腺苷酸脱氨酶催化下脱去氨基生成次黄嘌呤核苷酸和氨。

（5）其他脱氨基方式：氨基酸氧化酶催化脱去氨基。

（三）氨的代谢

1. 血氨来源

（1）氨基酸脱氨基作用和胺类分解均可产生氨。

（2）肠道细菌作用产生氨。包括蛋白质和氨基酸在肠道细菌作用下产生的氨，以及尿素经肠道细菌尿素酶水解产生的氨。

（3）肾小管上皮细胞分泌的氨。谷氨酰胺在谷氨酰胺酶催化下生成谷氨酸和氨，氨以铵盐形式随尿液排出，而碱性尿液可导致其中的氨重吸收增加。

2. 氨在血液中以丙氨酸和谷氨酰胺的形式转运

（1）氨通过丙氨酸－葡萄糖循环从骨骼肌运往肝。

（2）氨通过谷氨酰胺从脑和骨骼肌等组织运往肝或肾。

3. 血氨的去路

（1）合成尿素（主要去路）。

（2）合成谷氨酰胺。

（3）合成营养非必需氨基酸。

（4）合成其他含氮物。

4. 尿素的生成

（1）生成部位主要在肝细胞的线粒体及细胞质中。

（2）鸟氨酸循环（尿素循环）步骤。①氨基甲酰磷酸的合成。在氨基甲酰磷酸合成酶Ⅰ催化下，CO_2、NH_3和H_2O消耗2分子ATP生成氨基甲酰磷酸。氨基甲酰磷酸合成酶Ⅰ是启动尿素合成的关键酶，位于肝线粒体中。AGA是其别构激活剂，而精氨酸又是AGA合成酶的激活剂。②瓜氨酸的合成。鸟氨酸和氨基甲酰磷酸在鸟氨酸氨基甲酰转移酶催化下生成瓜氨酸。此反应也是在线粒体中发生，生成的瓜氨酸随后被转移到细胞质。③精氨酸代琥珀酸的合成。在关键酶精氨酸代琥珀酸合成酶催化下，消耗2个高能键，瓜氨酸与天冬氨酸反应生成精氨酸代琥珀酸。此反应在细胞质发生。④精氨酸的合成。精氨酸代琥珀酸在精氨酸代琥珀酸裂解酶催化下生成精氨酸及延胡索酸。此反应在细胞质发生。⑤精氨酸水解产生尿素。精氨酸酶催化下，精氨酸水解生成尿素和瓜氨酸，此反应在细胞质发生，生成的鸟氨酸进入线粒体，继续与氨基甲酰磷酸反应。

2分子的NH_3和1分子CO_2通过鸟氨酸循环生成1分子的尿素，其中第2分子的NH_3

以天冬氨酸的形式参与合成。尿素合成是一个耗能过程，合成1分子尿素消耗4个高能键。

5. 尿素合成障碍可引起高血氨症或氨中毒 血氨浓度升高称高血氨症，常见于肝功能严重损伤和尿素合成酶的遗传缺陷。高血氨症严重时可引起氨中毒，表现为脑功能障碍。

氨中毒机制尚不完全清楚，一般认为，氨进入脑组织，与α-酮戊二酸反应生成谷氨酸，进一步生成谷氨酰胺，导致脑细胞α-酮戊二酸减少，三羧酸循环减弱，能量供应减少，引起大脑功能障碍。

（四）个别氨基酸的代谢

1. 氨基酸脱羧基作用 由氨基酸脱羧酶催化完成，磷酸吡哆醛是其辅酶。

（1）谷氨酸在 L-谷氨酸脱羧酶催化下生成γ-氨基丁酸。γ-氨基丁酸是一种抑制性神经递质，对中枢神经有抑制作用。

（2）组氨酸脱羧生成组胺。

（3）色氨酸羟化后脱羧生成5-羟色胺。

（4）某些氨基酸的脱羧基作用可产生多胺类物质。

2. 某些氨基酸在分解代谢中产生一碳单位

（1）一碳单位指某些氨基酸在分解代谢过程中产生的含有一个碳原子的基团。包括甲基、亚甲基、次甲基、甲酰基、亚胺甲基。

（2）四氢叶酸（FH_4）是一碳单位的载体，结合位点是 N^5 和/或 N^{10}，比如甲基结合在四氢叶酸的 N^5 位形成 $N^5—CH_3—FH_4$ 等。

（3）能生成一碳单位的氨基酸有丝氨酸、甘氨酸、组氨酸及色氨酸。

（4）不同的一碳单位形式可以相互转变，但 N^5-甲基四氢叶酸的生成基本上不可逆。

（5）一碳单位的主要功能是参与嘌呤、嘧啶的合成。

3. 含硫氨基酸代谢可产生多种生物活性物质

（1）甲硫氨酸参与甲基转移：甲硫氨酸循环是甲硫氨酸代谢的主要途径，其中生成的S-腺苷甲硫氨酸（SAM）是体内最主要的甲基供体。

（2）半胱氨酸与多种生理活性物质的生成有关：①半胱氨酸与胱氨酸可以互变。②半胱氨酸可转变成牛磺酸。③半胱氨酸可生成活性硫酸根，如3′-磷酸腺苷-5′-磷酰硫酸（PAPS），它是体内硫酸基的供体。

4. 芳香族氨基酸代谢　芳香族氨基酸包括苯丙氨酸、酪氨酸和色氨酸。

（1）苯丙氨酸转变为酪氨酸。苯丙氨酸羟化酶缺陷时，苯丙氨酸不能正常转变为酪氨酸进行代谢，只能经转氨基作用生成苯丙酮酸、苯乙酸等，并从尿中排出。属于一种遗传代谢病。

（2）酪氨酸转变为黑色素和儿茶酚胺或彻底氧化分解。帕金森病患者多巴胺生成减少。白化病患者体内缺乏酪氨酸酶，黑色素合成障碍，表现为皮肤、毛发等发白。酪氨酸分解可生成尿黑酸，体内代谢尿黑酸的酶先天缺陷时，尿黑酸分解受阻，出现尿黑酸尿症。

（3）色氨酸的分解代谢可产生丙酮酸和乙酰乙酰辅酶A（CoA）。

拓展练习及参考答案

 笔记

拓展练习

【填空题】

1. 心脏组织中含量最高的转氨酶是（　　）；肝组织中含量最高的转氨酶是（　　）。

2. 甲硫氨酸循环中，产生的甲基供体是（　　），甲硫氨酸合成酶的辅酶是（　　）。

【判断题】

1. 氨基酸转氨酶及氨基酸脱羧酶的辅酶都是磷酸吡哆醛。

2. 氧化脱氨基是体内主要的脱氨基方式。

【名词解释】

1. 营养必需氨基酸

2. 氨中毒

【选择题】

A型题

1. 高氨血症导致脑功能障碍的生物化学机制是

A. 抑制脑中酶活性　　　　　　B. 升高脑中pH　　　　　　C. 大量消耗脑中α-酮戊二酸

D. 直接抑制呼吸链　　　　　　E. 升高脑中尿素浓度

2. 苯丙酮酸尿症（PKU）缺乏的酶是

A. 苯丙氨酸羟化酶　　　　　　B. 酪氨酸转氨酶　　　　　　C. 酪氨酸羟化酶

D. 苯丙氨酸转氨酶　　　　　　E. 酪氨酸酶

B型题

（3、4题共用选项）

A. 三羧酸循环　　　　　B. 丙氨酸-葡萄糖循环　　　　　C. 鸟氨酸循环

D. 甲硫氨酸循环　　　　E. 嘌呤核苷酸循环

3. 参与脱氨基作用的是

4. 参与生成SAM提供甲基的是

X型题

5. 一碳单位的主要形式有

A. —CH＝NH　　B. —CHO　　　C. —CH$_2$—　　　D. —CH$_3$　　　E. —CH＝

6. 由S-腺苷甲硫氨酸提供甲基而生成的物质是

A. 肾上腺素　　B. 胆碱　　　C. 胸腺嘧啶　　　D. 肌酸　　　E. 肉碱

【问答题】

1. 简述血氨的来源与去路。

2. 简述尿素合成的过程。

✎ 参考答案

【填空题】

1. GPT、GOT

2. SAM、维生素B$_{12}$

【判断题】

1. √

2. ×　联合脱氨基是体内主要的脱氨基方式。

笔记

【名词解释】

1. 营养必需氨基酸　体内需要而不能自身合成，必须由食物提供的氨基酸，包括亮氨酸、异亮氨酸、苏氨酸、缬氨酸、赖氨酸、甲硫氨酸、苯丙氨酸、色氨酸、组氨酸。

2. 氨中毒　血氨浓度升高称高血氨，常见于肝功能严重损伤时，尿素合成酶的遗传缺陷也可导致高血氨症。高血氨症严重时可引起氨中毒表现为脑功能障碍。

【选择题】

A型题　1．C　2．A

B型题　3．E　4．D

X型题　5．ABCDE　6．ABDE

【问答题】

1．答案见知识点总结（三）1、3。

2．答案见知识点总结（三）4。

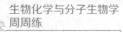
第8周　核苷酸代谢

一、考研真题解析

1.（2012年A型题）谷氨酰胺类似物所拮抗的反应是

A．脱氧核糖核苷酸的生成　　　　　B．脱氧尿苷一磷酸（dUMP）的甲基化

C．嘌呤核苷酸的从头合成　　　　　D．黄嘌呤氧化酶催化的作用

【答案与解析】　1．C。氮杂丝氨酸是谷氨酰胺类似物，能够干扰谷氨酰胺在嘌呤及嘧啶核苷酸合成中的作用。

2.（2013年A型题）别嘌呤醇治疗痛风的可能机制是

A．抑制黄嘌呤氧化酶　　　　　　　B．促进dUMP的甲基化

C．促进尿酸生成的逆反应　　　　　D．抑制脱氧核糖核苷酸的生成

【答案与解析】　2．A。尿酸是嘌呤核苷酸分解的终产物。黄嘌呤氧化酶是嘌呤分解代谢过程的重要酶。尿酸盐晶体沉积导致痛风症。别嘌呤醇抑制黄嘌呤氧化酶，抑制尿酸的生成，临床上用于治疗痛风症。

3.（2013年X型题）谷氨酰胺的生物学作用有

A．储存和运输氨　　　　　　　　　B．参与脂肪酸的生物合成

C．参与嘧啶核苷酸的从头合成　　　D．参与嘌呤核苷酸的从头合成

笔记

【答案与解析】 3．ACD。在脑和肌肉等部位产生的氨与谷氨酸结合生成谷氨酰胺，进入血液并运输到肝。嘌呤核苷酸从头合成的原料为天冬氨酸、谷氨酰胺、甘氨酸、一碳单位、CO_2。嘧啶核苷酸从头合成的基本原料为谷氨酰胺、天冬氨酸和CO_2。而脂肪酸合成原料主要为乙酰CoA，合成时需要ATP提供能量，其他还需要HCO_3^-、还原型烟酰胺腺嘌呤二核苷酸磷酸（NADPH）、Mn^{2+}。

4．（2014年A型题）在嘧啶合成途径中，合成胞苷三磷酸（CTP）的直接前体是

A．ATP

B．鸟苷一磷酸（GMP）

C．尿苷三磷酸（UTP）

D．尿苷一磷酸（UMP）

【答案与解析】 4．C。UMP通过尿苷酸激酶和二磷酸核苷激酶的连续作用，生成UTP，并在CTP合成酶催化下，消耗一分子ATP，从谷氨酰胺接受氨基而成为CTP。

5．（2014年A型题）嘧啶核苷酸合成的限速酶是

A．氨基甲酰磷酸合成酶 I

B．精氨酸代琥珀酸裂解酶

C．氨基甲酰磷酸合成酶 II

D．腺苷酸代琥珀酸合成酶

【答案与解析】 5．C。嘧啶核苷酸合成的限速酶是氨基甲酰磷酸合成酶 II。

6．（2015年A型题）嘌呤核苷酸从头合成时首先生成的核苷酸中间产物是

A．UMP

B．GMP

C．腺苷一磷酸（AMP）

D．次黄嘌呤核苷酸（IMP）

【答案与解析】 6．D。利用磷酸核糖、氨基酸、一碳单位和CO_2等简单物质为原料，经一系列酶促反应，首先合成中间产物IMP，然后进一步生成AMP和GMP。

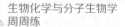

7.（2016年A型题）嘌呤核苷酸补救合成途径的底物是

A. 甘氨酸　　　　B. 天冬氨酸　　　　C. 谷氨酰胺　　　　D. 腺嘌呤

【答案与解析】7．D。嘌呤核苷酸的补救合成途径有两种方式：其一，细胞利用现成嘌呤碱或嘌呤核苷重新合成嘌呤核苷酸。其二，重新利用人体内的嘌呤核苷，通过腺苷激酶催化的磷酸化反应，腺嘌呤核苷生成腺嘌呤核苷酸。

8.（2017年A型题）直接参与嘌呤、嘧啶和尿素合成的氨基酸是

A. 谷氨酰胺　　　　B. 天冬氨酸　　　　C. 丙氨酸　　　　D. 亮氨酸

【答案与解析】8．B。天冬氨酸直接参与嘌呤、嘧啶和尿素生物合成。

9.（2018年A型题）能直接以甘氨酸为原料合成的化合物是

A. 二氢乳清酸　　　　　　　　　B. 5′-磷酸核糖-1′-焦磷酸

C. 一磷酸腺苷　　　　　　　　　D. 二磷酸尿苷

【答案与解析】9．C。腺嘌呤的合成原料有甘氨酸、谷氨酰胺、天冬氨酸、CO_2、一碳单位和磷酸戊糖。二氢乳清酸是嘧啶合成的中间产物，合成原料有谷氨酰胺、天冬氨酸、CO_2。5′-磷酸核糖-1′-焦磷酸是活化后的磷酸戊糖。

10.（2019年A型题）下列参与核苷酸合成的酶中，受5-氟尿嘧啶（5-FU）抑制的是

A. 胸苷酸合酶　　　　　　　　　B. 尿苷激酶

C. 氨基甲酰磷酸合成酶Ⅰ（CPS-Ⅰ）　　D. 磷酸核糖焦磷酸合成酶

【答案与解析】10．A。5-FU本身并无生物学活性，必须在体内转变成FdUMP及

FUTP后，才能发挥作用。脱氧氟尿嘧啶核苷一磷酸（FdUMP）与dUMP有相似的结构，是胸苷酸合酶的抑制剂。

（11、12题共用选项）（2020年B型题）

A．磷核糖酰胺转移酶　　　　　　B．天冬氨酸氨基甲酰基转移酶

C．次黄嘌呤－鸟嘌呤磷酸核糖转移酶　　D．尿苷/胞苷激酶

11．参与嘌呤核苷酸从头合成途径的主要关键酶是

12．参与嘧啶核苷酸从头合成途径的主要关键酶是

【答案与解析】　11、12．A、B。嘌呤核苷酸从头合成途径的主要关键酶为磷酸核糖酰胺转移酶。嘧啶核苷酸从头合成的主要关键酶为天冬氨酸氨基甲酰基转移酶。次黄嘌呤－鸟嘌呤磷酸核糖转移酶参与嘌呤的补救合成。尿苷/胞苷激酶是在嘧啶合成中能将尿苷和胞苷磷酸化成尿苷一磷酸和胞苷一磷酸的嘧啶核苷激酶。

13．（2021年A型题）下列哪个是一碳单位直接生成的

A．脱氧胞苷一磷酸（dCMP）　　　B．脱氧腺苷一磷酸（dAMP）

C．脱氧鸟苷一磷酸（dGMP）　　　D．脱氧胸苷一磷酸（dTMP）

【答案与解析】　13．D。dTMP是由dUMP经甲基化而生成的。反应由胸苷酸合酶催化。N^5,N^{10}-亚甲四氢叶酸作为甲基供体。嘌呤的合成需要一碳单位，但不是直接生成，在次黄嘌呤生成前，一碳单位已加入到反应中。dCMP的生成不需要一碳单位。

14．（2021年X型题）下列参与嘧啶核苷酸和嘌呤核苷酸从头合成途径的共同原料有

A．天冬氨酸 B．甘氨酸

C．CO_2 D．5′-磷酸核糖-1′-焦磷酸

【答案与解析】 14．ACD。参见考研真题解析第9题解析。

15．（2022年A型题）次黄嘌呤-鸟嘌呤磷酸核糖转移酶缺乏导致的疾病是

A．阿尔兹海默症 B．帕金森病

C．莱施-奈恩（Lesch-Nyhan）综合征 D．镰状细胞贫血

【答案与解析】 15．C。Lesch-Nyhan综合征是由于次黄嘌呤-鸟嘌呤磷酸核糖转移酶的遗传缺陷引起的。缺乏该酶使次黄嘌呤和鸟嘌呤不能转换为IMP和GMP，而是降解为尿酸，过量尿酸将导致Lesch-Nyhan综合征。

二、知识点总结

本周知识点考点频率统计见表8-1。

表8-1 核苷酸代谢考点频率统计表（2012—2022年）

年　份	嘌呤核苷酸的合成与分解代谢		嘧啶核苷酸的合成与分解代谢	
	合成代谢	分解代谢	合成代谢	分解代谢
2022	√			
2021	√		√	
2020	√		√	

年　份	嘌呤核苷酸的合成与分解代谢		嘧啶核苷酸的合成与分解代谢	
	合成代谢	分解代谢	合成代谢	分解代谢
2019			√	
2018	√			
2017			√	
2016	√			
2015	√			
2014			√√	
2013	√	√		
2012	√			

（一）嘌呤核苷酸的合成与分解代谢

1. 从头合成途径

（1）概念：利用磷酸核糖、氨基酸、一碳单位及CO_2等简单物质为原料，经过一系列酶促反应，合成嘌呤核苷酸，称为嘌呤核苷酸的从头合成途径。

（2）合成场所：肝是哺乳动物体内从头合成嘌呤核苷酸的主要器官，其次是小肠和胸腺，而脑、骨髓则只能进行补救合成。

（3）合成原料：甲酰基（一碳单位）、CO_2、甘氨酸、天冬氨酸、谷氨酰胺。

（4）合成过程：①5′-磷酸核糖-1′-焦磷酸（PRPP）的合成。核糖-5′-磷酸在PRPP

合成酶催化下与ATP反应生成。②5′-磷酸核糖胺的生成。PRPP与谷氨酰胺在磷酸核糖酰胺转移酶催化下完成。③IMP的生成。在5′-磷酸核糖胺基础上逐渐把各元素加上来，经过多步反应生成IMP。④AMP及GMP合成。在IMP基础上可以进一步合成。PRPP合成酶和磷酸核糖酰胺转移酶是被调控的关键酶，均可被IMP、AMP和GMP等抑制。

2. 补救合成途径 利用体内游离的嘌呤或嘌呤核苷，经过简单的反应过程，合成嘌呤核苷酸，称为嘌呤核苷酸的补救合成途径。脑、骨髓等只能进行补救合成。

（1）利用嘌呤或嘌呤核苷为原料，在相应嘌呤磷酸核糖转移酶催化下完成。包括腺嘌呤磷酸核糖转移酶（APRT）、次黄嘌呤-鸟嘌呤磷酸核糖转移酶（HGPRT）等。莱施-奈恩综合征，又称自毁容貌症，系次黄嘌呤-鸟嘌呤磷酸核糖转移酶的先天缺乏所致。

（2）以腺嘌呤核苷为原料，在腺苷激酶催化下完成。

3. 脱氧核苷酸的生成在核苷二磷酸水平进行 脱氧核苷酸是在核苷酸还原酶催化下，由核苷二磷酸（NDP，N代表A、G、U、C等碱基，不包括T）还原而产生脱氧核苷二磷酸（dNDP）。

4. 嘌呤核苷酸的抗代谢物是一些嘌呤、氨基酸或叶酸类似物

（1）嘌呤核苷酸抗代谢物：6-巯基嘌呤、6-巯基鸟嘌呤、8-氮杂鸟嘌呤等，6-巯基嘌呤结构与IMP结构相似，多方式抑制嘌呤核苷酸的从头合成及补救合成。

（2）氨基酸类物：氮杂丝氨酸结构与谷氨酰胺相似，抑制嘌呤核苷酸的合成。

（3）叶酸类似物：包括氨蝶呤、氨甲蝶呤等。

5. 嘌呤核苷酸的分解代谢终产物是尿酸 当尿酸生成过多时，尿酸盐晶体即可沉积于关节软组织、软骨及肾等处，导致关节炎、尿路结石及肾疾病，引起痛风症。黄嘌呤氧化酶是嘌呤分解代谢过程的重要酶。别嘌呤醇结构与IMP结构相似，能抑制黄嘌呤氧化酶，减少尿酸的生成，临床上用于治疗痛风。

（二）嘧啶核苷酸的合成与分解代谢

1. 从头合成途径

（1）合成部位：主要是肝细胞的细胞质基质。

（2）合成原料：谷氨酰胺、CO_2 和天冬氨酸。

（3）合成过程：①氨基甲酰磷酸的合成。在氨基甲酰磷酸合成酶 II 催化下，谷氨酰胺、CO_2 和 H_2O 反应生成。氨基甲酰磷酸合成酶 II 是其关键酶。②尿嘧啶核苷酸的合成。氨基甲酰磷酸与天冬氨酸经过多步反应生成二氢乳清酸，进而脱氢生成乳清酸，再进一步生成UMP。③胞嘧啶核苷酸的合成。生成的UMP进一步生成UTP，在CTP合成酶催化下，可以生成CTP。④dTMP的生成。在核苷二磷酸水平还原产生 dUDP 及 dCDP，dUDP、dCDP进而生成dUMP及dCMP，dCMP脱氨基生成dUMP，在dUMP基础上，经TMP合酶催化，由 N^5,N^{10}-亚甲四氢叶酸提供甲基生成dTMP。

2. 补救合成途径

（1）利用嘧啶碱基为原料，在嘧啶磷酸核糖转移酶催化下完成。

（2）以嘧啶碱基为原料，在尿苷激酶、胸苷激酶催化下生成UMP及TMP。

3. 嘧啶核苷酸的抗代谢物也是嘧啶、氨基酸或叶酸等的类似物

（1）嘧啶类似物：如5-氟尿嘧啶（5-FU）与胸腺嘧啶（T）结构相似，5-FU本身并无生物学活性，必须在体内转变成脱氧氟尿嘧啶核苷一磷酸（FdUMP）及氟尿嘧啶核苷

三磷酸（FUTP）后，才能发挥作用。FdUMP与dUMP有相似的结构，是胸苷酸合酶的抑制剂。在RNA生物合成时候，FUTP取代UTP，掺入RNA分子改变RNA结构与功能。

（2）核苷类似物：有阿糖胞苷、环胞苷等。

4. 嘧啶核苷酸的分解代谢 可生成β-氨基酸。

拓展练习及参考答案

拓展练习

【填空题】

1. 氨甲蝶呤（MTX）干扰核苷酸合成是因为其结构与（   ）相似，并抑制（   ）酶，进而影响一碳单位代谢。

2. （   ）是嘌呤核苷酸分解代谢的终产物，当其生成过多时可引起（   ）。别嘌呤醇结构与（   ）类似，通过抑制（   ）活性，减少嘌呤核苷酸分解代谢的终产物的生成。

【判断题】

1. 核苷酸合成代谢以从头合成途径为主，主要器官是肝，其次是小肠和胸腺。

2. 所有脱氧核苷酸的生成都是在二磷酸核苷水平进行的。

【名词解释】

1. 嘌呤核苷酸的从头合成途径

2. 嘌呤核苷酸的补救合成途径

【选择题】

A型题

1. 胸腺嘧啶的甲基来自

A. N^{10}—CHO—FH_4 B. N^5,N^{10}=CH—FH_4 C. N^5,N^{10}—CH_2—FH_4

D. N^5—CH_3—FH_4 E. N^5—CH=NH—FH_4

2. 下列化合物中作为合成IMP和UMP的共同原料是

A. 天冬酰胺   B. 磷酸核糖   C. 甘氨酸   D. 甲硫氨酸   E. 一碳单位

（3、4题共用选项）

A. AMP类似物   B. 嘧啶类似物   C. 叶酸类似物

D. 谷氨酰胺类似物   E. 次黄嘌呤类似物

3. 5-Fu

4. 氮杂丝氨酸

X型题

5. 嘌呤核苷酸从头合成的原料包括

A. CO_2 B. 甘氨酸   C. 一碳单位   D. 谷氨酰胺   E. 天冬氨酸

6. 尿酸是下列哪些化合物分解的终产物

A. AMP   B. UMP   C. IMP   D. TMP   E. GMP

【问答题】

1. 简述嘌呤核苷酸的抗代谢物的类型。

2. 简述嘧啶核苷酸的抗代谢物的类型。

✎ 参考答案

【填空题】

1. 叶酸；二氢叶酸还原酶

2. 尿酸；痛风；IMP；黄嘌呤氧化酶

【判断题】

1. √

2. ×　除dTMP是从dUMP转变而来外，其他脱氧核苷酸是在二磷酸核苷水平上进行的。

【名词解释】

1. 嘌呤核苷酸的从头合成途径　利用磷酸核糖、氨基酸、一碳单位及CO_2等简单物质为原料，经过一系列酶促反应，合成嘌呤核苷酸。

2. 嘌呤核苷酸的补救合成途径　利用体内游离的嘌呤或嘌呤核苷，经过简单的反应过程，合成嘌呤核苷酸。

【选择题】

A型题　1．C　2．B

B型题　3．B　4．D

X型题　5．ABCDE　6．ACE

【问答题】

1. 答案见知识点总结（一）4。

2. 答案见知识点总结（二）3。

第9周　代谢的整合与调节

一、考研真题解析

1.（2022年X型题）下列关于代谢调节的叙述，正确的有

A．活性低的酶决定整个反应的速度

B．受别构调节的酶决定反应的类型

C．被化学修饰的酶决定反应的部位

D．催化单向反应的酶决定反应的方向

【答案与解析】　1．AD。代谢途径的速度、方向由其中的关键酶的活性决定。代谢调节主要是通过对关键酶活性的调节而实现的。关键酶催化的反应速度最慢，其活性决定代谢的总速度。关键酶常常催化单向反应或非平衡反应，其活性决定代谢的方向。

二、知识点总结

本周知识点考点频率统计见表9-1。

笔记

表9-1 代谢的整合与调节考点频率统计表（2012—2022年）

年份	代谢的整体性	代谢调节的主要方式			体内重要组织和器官的代谢特点
		细胞水平代谢调节	激素水平代谢调节	整体水平代谢调节	
2022		√			
2021					
2020					
2019					
2018					
2017					
2016					
2015					
2014					
2013					
2012					

（一）代谢的整体性

1. 体内代谢过程互相联系形成一个整体

（1）代谢的整体性指各种物质代谢之间互有联系，相互依存，构成统一的整体。

笔记

（2）体内各种代谢物都具有各自共同的代谢池。

（3）体内代谢处于动态平衡。

（4）氧化分解产生的还原型烟酰胺腺嘌呤二核苷酸磷酸（NADPH）为合成代谢提供所需的还原当量。

2. 物质代谢与能量代谢相互关联　糖、脂肪及蛋白质这三大营养物质在体内分解氧化的代谢途径各不相同，但有共同的中间代谢物乙酰辅酶A。三羧酸循环和氧化磷酸化是糖、脂肪、蛋白质最后分解的共同代谢途径，释放的能量均以ATP形式储存。

三大营养物质可以互相代替、互相补充，但也互相制约。一般情况下，供能以糖及脂肪为主，并尽量节约蛋白质的消耗。任一供能物质代谢占优势，常能抑制其他供能物质的氧化分解。

3. 糖、脂质和蛋白质代谢通过中间代谢物而相互联系　体内糖、脂质、蛋白质和核酸等物质的代谢通过共同的中间代谢物、三羧酸循环和生物氧化等彼此联系、相互转变。

（1）葡萄糖可转变为脂肪酸。

（2）葡萄糖与大部分氨基酸可以相互转变。

（3）氨基酸可转变为多种脂质但脂质几乎不能转变为氨基酸。

（4）一些氨基酸、磷酸戊糖是合成核苷酸的原料。

（二）代谢调节的主要方式

存在三级水平代谢调节，即细胞水平代谢调节、激素水平代谢调节、整体水平代谢调节。

1. 细胞水平代谢调节 细胞内物质代谢主要通过对关键酶活性的调节来实现。

（1）细胞内酶呈隔离分布，主要代谢途径（多酶体系）在细胞内的分布见表9-2。

表9-2 主要代谢途径（多酶体系）在细胞内的分布

多酶体系	分 布	多酶体系	分 布
糖原合成	细胞质	戊糖磷酸途径	细胞质
脂肪酸合成	细胞质	糖异生	细胞质、线粒体
胆固醇合成	内质网、细胞质	脂肪酸氧化	细胞质、线粒体
血红素合成	细胞质、线粒体	多种水解酶	溶酶体
尿素合成	细胞质、线粒体	三羧酸循环	线粒体
糖酵解	细胞质	氧化磷酸化	线粒体

（2）关键酶活性决定整个代谢途径的速度和方向，某些代谢途径的关键酶见表9-3。

表9-3　重要代谢途径的关键酶

代谢途径	关键酶
糖酵解	己糖激酶、磷酸果糖激酶-1、丙酮酸激酶
丙酮酸氧化脱羧	丙酮酸脱氢酶复合体
三羧酸循环	异柠檬酸脱氢酶、α-酮戊二酸脱氢酶复合体、柠檬酸合酶
糖原分解	糖原磷酸化酶
糖原合成	糖原合酶
糖异生	丙酮酸羧化酶、磷酸烯醇式丙酮酸羧激酶、果糖二磷酸酶、葡糖-6-磷酸酶
脂肪酸合成	乙酰辅酶A羧化酶
脂肪酸分解	肉碱脂酰转移酶 I
酮体合成	羟甲基戊二酸单酰辅酶A（HMG-CoA）合酶
胆固醇合成	HMG-CoA还原酶
血红素合成	δ-氨基-γ-酮戊酸（ALA）合酶

（3）别构调节通过别构效应改变关键酶活性，一些代谢途径中的别构酶及其效应剂见表9-4。

表9-4　一些代谢途径中的别构酶及其效应剂

代谢途径	别构酶	别构激活剂	别构抑制剂
糖酵解	磷酸果糖激酶-1	果糖-2,6-二磷酸、AMP、ADP、果糖-1,6-二磷酸	柠檬酸、ATP
	丙酮酸激酶	果糖-1,6-二磷酸、ADP、AMP	ATP、丙氨酸
	己糖激酶	—	葡糖-6-磷酸
丙酮酸氧化脱羧	丙酮酸脱氢酶复合体	AMP、辅酶A（CoA）、NAD＋、ADP	ATP、乙酰CoA、还原型烟酰胺腺嘌呤二核苷酸（NADH）
三羧酸循环	柠檬酸合酶	乙酰CoA、草酰乙酸、ADP	柠檬酸、NADH、ATP
	α-酮戊二酸脱氢酶复合体	—	琥珀酰CoA、NADH
	异柠檬酸脱氢酶	ADP、AMP	ATP
糖异生	丙酮酸羧化酶	乙酰CoA	AMP
脂肪酸合成	乙酰辅酶A羧化酶	乙酰CoA、柠檬酸、异柠檬酸	软脂酰CoA、长链脂酰CoA

（4）化学修饰调节通过酶促共价修饰调节酶活性，酶的化学修饰调节具有级联放大效应。磷酸化/去磷酸化修饰是最常见的化学修饰调节，常见的磷酸化/去磷酸化修饰对酶活性的调节见表9-5。

表9-5 常见的磷酸化/去磷酸化修饰调节酶

酶	化学修饰类型	酶活性改变
糖原磷酸化酶	磷酸化/去磷酸化	激活/抑制
磷酸化酶b激酶	磷酸化/去磷酸化	激活/抑制
糖原合酶	磷酸化/去磷酸化	抑制/激活
丙酮酸脱羧酶	磷酸化/去磷酸化	抑制/激活
磷酸果糖激酶	磷酸化/去磷酸化	抑制/激活
丙酮酸脱氢酶	磷酸化/去磷酸化	抑制/激活

2. **激素水平代谢调节** 激素通过特异性受体调节靶细胞的代谢。按激素受体在细胞的部位不同，分为膜受体激素、胞内受体激素。

（1）膜受体激素通过跨膜信号转导调节代谢。

（2）胞内受体激素通过激素-胞内受体复合物改变基因表达、调节代谢。

3. **整体水平代谢调节** 在神经系统主导下，调节激素释放，并通过激素整合不同组织器官的各种代谢，实现整体调节，以适应饱食、空腹、饥饿、营养过剩、应激等状态，维持整体代谢平衡。

（1）饱食状态下机体三大物质代谢与膳食组成有关：①混合膳食。表现为胰岛素水平中度升高。机体主要分解葡萄糖供能；未被分解的葡萄糖，合成糖原及甘油三酯贮存；吸收的甘油三酯，部分经肝转换成内源性甘油三酯，大部分输送到脂肪组织、骨骼肌等转换、储存或利用。②高糖膳食。表现为胰岛素水平明显升高，胰高血糖素降低。小部分葡萄糖合成肌糖原、肝糖原和极低密度脂蛋白（VLDL）；大部分葡萄糖直接被输送到脂肪、骨骼肌、脑等组织转换成甘油三酯等非糖物质储存或利用。③高蛋白膳食。表现为胰岛素水平中度升高，胰高血糖素水平升高。肝糖原分解补充血糖；肝利用氨基酸异生为葡萄糖补充血糖；部分氨基酸转化成甘油三酯，还有部分氨基酸直接输送到骨骼肌。④高脂膳食。表现为胰岛素水平降低，胰高血糖素水平升高。肝糖原分解补充血糖；肌组织氨基酸分解，转化为丙酮酸，输送至肝异生为葡萄糖，补充血糖；吸收的甘油三酯主要输送到脂肪、肌组织等；脂肪组织在接受吸收的甘油三酯同时，也部分分解脂肪成脂肪酸，输送到其他组织；肝氧化脂肪酸，产生酮体。

（2）空腹状态下机体物质代谢以糖原分解、糖异生和中度脂肪动员为特征：空腹通常指餐后12小时以后，体内胰岛素水平降低，胰高血糖素升高。餐后6～8小时，肝糖原即开始分解补充血糖；餐后16～18小时，肝糖原即将耗尽，通过糖异生补充血糖，脂肪动员中度增加，释放脂肪酸，肝氧化脂肪酸产生的酮体，主要用于供应肌组织，骨骼肌部分氨基酸分解，用于补充肝糖异生的原料。

（3）饥饿时机体主要氧化分解脂肪供能：①短期饥饿后糖氧化供能减少而脂肪动员加强。机体从葡萄糖氧化供能为主转变为脂肪氧化供能为主；脂肪动员加强且肝酮体生成增多；肝糖异生作用明显增强；骨骼肌蛋白质分解加强。②长期饥饿可造成器官损害甚至危及生命。脂肪动员进一步加强；蛋白质分解减少；与短期饥饿相比糖异生明显减少。

（4）应激状态下机体分解代谢加强：表现为血糖升高、脂肪动员加强、蛋白质分解加强。

（三）体内重要组织和器官的代谢特点

1. 肝是人体物质代谢的中心和枢纽。

2. 脑主要利用葡萄糖供能且耗氧量大。

3. 心肌主要通过有氧氧化脂肪酸、酮体和乳酸获得能量，极少进行糖酵解。

4. 骨骼肌以肌糖原和脂肪酸作为主要能量来源。

5. 脂肪是储存和动员甘油三酯的重要组织。

6. 肾可进行糖异生和酮体生成。

拓展练习及参考答案

拓展练习

【填空题】

1. 磷酸化与去磷酸化是酶的化学修饰调节最常见的方式，磷酸化可使糖原合成酶活性（ ），糖原磷酸化酶活性（ ）。

2. 脑是机体耗能的主要器官之一，正常情况下，主要以（ ）作为供能物质，长期饥饿时，则主要以（ ）作为能源。

【判断题】

1. 不同组织、器官的细胞中具有特定的酶谱，使得各组织具有特点鲜明的代谢途径，以适应相应功能的需要。

2. 从能量供应的角度看，三大营养物质可以互相代替，互相补充，但也互相制约。一般情况下，供能以糖及脂肪为主，并尽量节约蛋白质的消耗。

笔记

【名词解释】

1. 激素水平代谢调节

2. 整体水平代谢调节

【选择题】

A型题

1. 关于关键酶的叙述错误的是

A. 关键酶常位于代谢途径的第一步反应

B. 关键酶在代谢途径中活性最高

C. 受激素调节的酶常是关键酶

D. 关键酶常是变构酶

E. 关键酶常催化单向反应或非平衡反应

2. 下列关于糖脂代谢的叙述错误的是

A. 糖分解产生的乙酰CoA可作为脂肪酸合成的原料

B. 脂肪酸合成所需的NADPH主要来自磷酸戊糖途径

C. 脂肪酸分解产生的乙酸CoA可经三羧酸循环异生成糖

D. 甘油可异生成糖

E. 脂肪分解代谢的顺利进行有赖于糖代谢的正常进行

B型题

（3、4题共用选项）

A. 甘油   B. α-磷酸甘油   C. 3-磷酸甘油醛

D. 1,3-二磷酸甘油酸   E. 2,3-二磷酸甘油酸

3. 能调节血红蛋白与CO_2亲和力的是

4. 脂肪动员产物的是

X型题

5. 饥饿时体内的代谢可能发生下列变化

A. 脂肪分解加强　　　　　　　B. 糖异生加强　　　　　　C. 血酮体增多

D. 血中游离脂肪酸增多　　　　E. 葡萄糖消耗增加

6. 既涉及细胞质基质又涉及线粒体的代谢过程有

A. 糖异生　　　B. 尿素合成　　　C. 酮体合成　　　D. 脂肪酸的氧化　　E. 糖酵解

【问答题】

1. 简述长期饥饿时机体的代谢改变特点。

2. 机体在应激状态时发生哪些代谢改变?

参考答案

【填空题】

1. 抑制；激活

2. 葡萄糖；酮体

【判断题】

1. √

2. √

【名词解释】

1. 激素水平代谢调节　高等生物在进化过程中，出现了专司调节功能的内分泌细胞及内分泌器官，其分泌的激素可对其他细胞发挥代谢调节作用。

2. 整体水平代谢调节　在神经系统主导下，调节激素释放，并通过激素整合不同组织器官的各种代谢，实现整体调节，以适应饱食、空腹、饥饿、营养过剩、应激等状态，维持整体代谢平衡。

【选择题】

A型题　1. B　2. C

B型题　3. E　4. A

X型题　5. ABCD　6. ABD

【问答题】

1. 答案见知识点总结（二）3（2）。

2. 答案见知识点总结（二）3（3）。

第三篇

遗传信息的传递

第10周　DNA的合成、损伤与修复

笔记

一、考研真题解析

1.（2012年A型题）真核生物DNA复制的主要酶是

A．DNA聚合酶β

B．DNA聚合酶γ

C．DNA聚合酶δ

D．DNA聚合酶ε

【答案与解析】　1．C。《生物化学与分子生物学》（第8版）认为真核生物DNA复制的主要酶是DNA聚合酶（DNA pol）δ。最新版教材认为真核生物DNA pol α具有引物酶活性，DNA pol β参与应急修复，DNA pol γ是线粒体DNA复制的酶，DNA pol δ负责合成后续链，DNA pol ε负责合成前导链。

2.（2012年X型题）逆转录酶的生物学意义有

A．补充了中心法则

B．可用于进行基因操作制备cDNA

C．细菌DNA复制所必需的酶

D．加深了对RNA病毒致癌、致病的认识

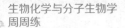

【答案与解析】 2．ABD。逆转录酶和逆转录现象说明，至少在某些生物，RNA兼有遗传信息传代功能，这是对传统中心法则的挑战和补充。对逆转录病毒的研究，拓宽了病毒致癌理论。应用逆转录酶可获取基因工程的目的基因。

3．（2013年A型题）对广泛DNA损伤进行紧急、粗糙、高错误率的修复方式是

A．光修复　　　　B．切除修复　　　　C．重组修复　　　　D．SOS修复

【答案与解析】 3．D。SOS修复是DNA双链发生大片段、高频率损伤时，细胞紧急启动的应急修复系统，诱导产生新的DNA pol，在子链上以随机插入的方式掺入正确或错误的核苷酸使复制继续，越过损伤部位之后，再由原来DNA pol Ⅲ继续复制。

4．（2014年A型题）真核生物体为解决庞大基因组复制问题的适应性机制是

A．双向复制　　　B．半不连续复制　　　C．多复制子复制　　　D．滚环复制

【答案与解析】 4．C。真核生物基因组庞大而复杂，由多个染色体组成，全部染色体均需复制，每个染色体又有多个复制起点，是多复制子的复制。

5．（2015年A型题）参与维持DNA复制保真性的因素是

A．密码的简并性

B．DNA的SOS修复

C．DNA聚合酶的核酸外切酶活性

D．氨酰tRNA合成酶对氨基酸的高度特异性

【答案与解析】 5．C。复制的保真性依赖于正确的碱基选择和碱基校正。原核生物的DNA pol Ⅰ和真核生物的DNA pol δ、DNA pol ε的外切酶活性都很强，可辨认并切

除错配碱基，对复制错误进行校正。

6.（2016年A型题）在DNA复制中，拓扑异构酶的作用是

A．辨认起始点   B．解开DNA双链

C．催化RNA引物合成   D．松弛DNA链

【答案与解析】 6. D。拓扑异构酶既能水解、又能连接DNA中的磷酸二酯键，可在将要打结或已打结处切口，下游DNA穿越切口并旋转，把结打开或松解，然后旋转复位连接。

7.（2016年A型题）在下列DNA突变中，可能仅改变一个氨基酸的是

A．缺失   B．插入   C．点突变   D．重排

【答案与解析】 7. C。点突变指只有一个碱基对发生改变。广义的点突变包括碱基替换、单碱基插入或碱基缺失；狭义的点突变也称碱基替换，包括转换和颠换。基因编码区的点突变可导致编码氨基酸的改变，有可能仅改变一个氨基酸。缺失和插入导致移码突变，一般改变的是多个氨基酸。重排是DNA片段在基因组中位置的变化，一般涉及多个氨基酸。

（8、9题共用选项）（2016年B型题）

A．限制性核酸内切酶   B．RNA聚合酶

C．核酶   D．逆转录酶

8．参与端粒合成的酶是

9．具有合成互补DNA（cDNA）功能的酶是

笔记

【答案与解析】 8、9. D、D。端粒酶由端粒酶RNA、端粒酶协同蛋白1和端粒酶逆转录酶三部分组成，兼有提供RNA模板和催化逆转录的功能，可看作一种特殊的逆转录酶。逆转录酶是催化以RNA为模板合成双链DNA的酶，利用逆转录酶可合成cDNA。

10.（2017年A型题）端粒酶的组成成分是

A．DNA修复酶＋引物　　　　　　　B．RNA聚合酶＋辅基

C．逆转录酶＋RNA　　　　　　　　D．DNA聚合酶＋底物

【答案与解析】 10．C。参见考研真题解析第8题解析。

11.（2019年A型题）DNA复制双向性的含义是

A．复制方向既可5′→3′，亦可3′→5′

B．一个复制起始点，形成两个复制叉

C．亲代DNA的5′→3′链和3′→5′链均可作为复制模板

D．两个起始点，两个生长点

【答案与解析】 11．B。DNA复制从起点开始，向两个方向进行解链，复制中的模板DNA形成两个延伸方向相反的开链区，称为复制叉。

12.（2019年X型题）DNA损伤修复方式包括

A．直接修复　　　　B．碱基切除修复　　　C．核苷酸切除修复　　D．重组修复

【答案与解析】 12．ABCD。常见的修复途径包括直接修复、切除修复、重组修复、损伤跨越修复等。切除修复又分碱基切除修复和核苷酸切除修复。

13．（2020年X型题）真核生物染色体DNA的复制方式有

A．半保留复制　　　B．半不连续复制　　　C．双向复制　　　　D．D环复制

【答案与解析】 13．ABC。真核生物染色体DNA的复制方式有半保留复制、半不连续复制、双向复制。逆转录病毒的基因组RNA以逆转录机制复制，线粒体DNA按D环方式复制。

14．（2021年A型题）下列酶中有逆转录酶活性的是

A．光复活酶　　　　B．DNA聚合酶δ　　　C．端粒酶　　　　　D．RNA聚合酶Ⅱ

【答案与解析】 14．C。参见考研真题解析第8题解析。

15．（2022年A型题）原核生物DNA合成中引物酶的性质是

A．RNA聚合酶　　　B．DNA聚合酶　　　C．逆转录酶　　　　D．解螺旋酶

【答案与解析】 15．A。引物酶是一种特殊的RNA聚合酶，在复制起始部位催化合成一段RNA引物。

二、知识点总结

本周知识点考点频率统计见表10-1。

笔记

笔记

表10-1　DNA的合成考点频率统计表（2012—2022年）

年　份	DNA复制的特征及相关的酶			DNA半保留复制的基本过程				逆转录		DNA的损伤与修复	
	复制的特征	DNA聚合酶	拓扑异构酶	起始	延长	终止	端粒酶	过程	意义	损伤	修复
2022				✓							
2021							✓				
2020	✓										✓
2019	✓										
2018											
2017							✓				
2016			✓				✓	✓		✓	
2015	✓										
2014	✓										
2013											✓
2012		✓							✓		

（一）DNA复制的基本规律

1. **半保留复制**　指在复制时，亲代双链DNA解开为两股单链，各自作为模板，依据碱基配对规律，合成序列互补的子代DNA双链。

笔记

2. **双向复制**　原核生物基因组是环状DNA，只有一个复制起点，复制从起点开始，向两个方向进行解链，进行的是单起点双向复制。真核生物基因组庞大而复杂，由多个染色体组成，全部染色体均需复制，每个染色体有多个复制起点多复制子复制，呈多起点双向复制特征。

3. **半不连续复制**　DNA复制过程中，沿着解链方向连续生成的子链称为前导链；另一条链的复制方向与解链方向相反，不能连续延长，只能随着模板链的解开，逐段地从5′→3′生成引物并复制子链，这股不连续复制的链称为后随链。前导链连续复制而后随链不连续复制的方式称为半不连续复制。

4. **DNA复制具有高保真性**　利用严格的碱基配对原则、复制叉的复杂结构、DNA聚合酶的外切酶活性和校读功能及复制后修复确保复制的高保真性。

（二）DNA复制的酶学和拓扑学

1. DNA聚合酶催化脱氧核糖核苷酸的聚合

（1）原核生物的DNA聚合酶：DNA pol Ⅰ 的功能是切除引物，校对复制中的错误，填补复制和修复中的空隙。DNA pol Ⅱ参与DNA损伤的应急状态修复。DNA pol Ⅲ是复制延长中真正起催化作用的酶。

（2）真核生物的DNA聚合酶：DNA pol α能合成引物，具有引物酶活性。DNA pol β是参与应急修复的酶。DNA pol γ是线粒体DNA复制的酶。DNA pol δ负责合成后续链。DNA pol ε负责合成前导链。

2. DNA聚合酶的碱基选择和校读功能

（1）复制的保真性依赖正确的碱基选择：DNA pol Ⅲ对核苷酸的掺入起选择功能，

其中ε亚基执行碱基选择功能。

（2）聚合酶中的核酸外切酶活性在复制中起到辨认、切除错配碱基并加以校正的作用：原核生物DNA pol Ⅰ，真核生物DNA pol δ和DNA pol ε的 $3' \rightarrow 5'$ 核酸外切酶活性都很强，可在复制过程中辨认并切除错配碱基，对复制错误进行校正。

3. 复制中的解链伴有DNA分子拓扑学变化

（1）多种酶和辅助蛋白质因子参与DNA解链和稳定单链状态：参与原核生物DNA解链的蛋白质有DnaA、DnaB等。其中DnaA辨认复制起始点；DnaB为解螺旋酶；DnaC运送和协同DnaB发挥作用；DnaG为引物酶，催化RNA引物生成；单链DNA结合蛋白（SSB）维持模板的单链状态并使其免受核酸酶降解。

（2）DNA拓扑异构酶改变DNA超螺旋状态：DNA拓扑异构酶既能水解，又能连接DNA中磷酸二酯键，可在将要打结或已打结处切口，下游DNA穿越切口并旋转，把结打开或松解，然后旋转复位连接。

4. DNA连接酶连接复制中产生的单链缺口
DNA连接酶连接DNA链3'-OH末端和另一链的5'-P末端，将两段相邻的DNA连接成完整的链。该酶只能连接双链中的单链缺口，需消耗ATP。

（三）原核生物DNA复制过程

1. 复制的起始

（1）DNA解链：由DnaA、DnaB、DnaC共同完成。随后单链DNA结合蛋白结合DNA单链，利于核苷酸依据模板掺入。解链需要拓扑异构酶。

（2）引物合成和起始复合物的形成：引物是由引物酶催化合成的短链RNA分子，

长度约5～10个核苷酸不等。引物酶属于RNA聚合酶。含有DnaB、DnaC、引物酶和DNA的复制起始区域共同构成的起始复合物结构称为引发体。

2. **DNA链的延长**　在DNA pol Ⅲ催化下，底物dNTP的α-磷酸基团与引物或延伸子链的3′-OH末端反应，dNMP的3′-OH又成为链的末端，使下一个底物掺入。在同一复制叉上，前导链的复制先于后随链，两条链在同一DNA pol Ⅲ催化下进行延长。

3. **复制的终止**　复制的终止过程包括切除引物、填补空缺和连接切口。引物的水解依靠细胞核内的DNA pol Ⅰ，水解后留下的空隙由DNA pol Ⅰ完成填补，留下的相邻3′-OH和5′-P的缺口由连接酶连接。

（四）真核生物DNA复制过程

1. **真核生物DNA复制的起始与原核生物基本相似**　真核生物DNA复制起点很多，复制子以分组方式激活。转录活性高的DNA在S期早期复制，高度重复序列如卫星DNA、中心体和端粒在S期的最后阶段复制。真核生物复制起始也是打开双链形成复制叉，形成引发体和合成RNA引物。复制的起始需要DNA pol α、pol e和pol δ的参与。增殖细胞核抗原（PCNA）在复制起始和延长中发挥关键作用。

2. **真核生物复制的延长发生DNA聚合酶转换**　DNA pol α催化合成引物后迅速被DNA pol δ和DNA pol e替换，称聚合酶转换。DNA pol δ负责合成后随链，DNA pol e负责合成前导链。Flap核酸内切酶（FEN）1和核糖核酸酶（RNase）H等负责去除RNA引物。

3. **真核生物DNA合成后立即组装成核小体**　复制后的DNA需重新装配，原有组蛋白及新合成的组蛋白结合到复制叉后的DNA链上，立即组装成核小体。

4. **端粒酶参与解决染色体末端复制问题**　端粒是真核生物染色体线性DNA分子末端的结构，其特点是富含T-G短序列的多次重复，在维持染色体的稳定性和DNA复制的完整性中起重要作用。

端粒酶由端粒酶RNA、端粒酶协同蛋白1、端粒酶逆转录酶组成。该酶兼有提供RNA模板和催化逆转录的功能。端粒酶通过爬行模型的机制合成端粒DNA。

5. **真核生物线粒体DNA按D环方式复制**　复制时需合成引物。第一个引物以内环为模板延伸，至第二个复制起始点时，合成另一个反向引物，以外环为模板进行反向延伸。最后完成两个双链环状DNA的复制。

（五）逆转录

1. **逆转录和逆转录酶**　RNA病毒的基因组是RNA而不是DNA，其复制方式是逆转录，因此被称为称逆转录病毒。

逆转录是以RNA为模板合成DNA的过程。逆转录酶是催化以RNA为模板合成双链DNA的酶，其有三种活性：RNA指导的DNA聚合酶活性、DNA指导的DNA聚合酶活性和RNase H活性。

2. **逆转录过程分三步**　①以病毒基因组RNA为模板，催化dNTP合成DNA互补链，产物是RNA/DNA杂化双链。②杂化双链中的RNA被逆转录酶中有RNase活性的组分水解。③以DNA单链做模板，由逆转录酶催化合成第二条DNA互补链。

3. **逆转录的意义**　逆转录酶和逆转录现象的发现是对传统中心法则的挑战。逆转录现象说明，至少在某些生物，RNA兼有遗传信息传代功能。对逆转录病毒的研究，拓宽了20世纪初已注意到的病毒致癌理论。应用逆转录酶可获取基因工程的目的基因。

（六）DNA损伤与修复

1. DNA损伤

（1）多种因素通过不同机制导致DNA损伤：①体内因素。包括DNA复制错误、DNA自身的不稳定性、机体代谢过程中产生的活性氧。②体外因素。物理因素中最常见的是电离辐射；紫外线可使同一链相邻的胸腺嘧啶形成胸腺嘧啶二聚体。化学因素主要包括自由基、碱基类似物、碱基修饰物和嵌入染料等。生物因素主要指病毒和霉菌。

（2）DNA损伤有多种类型：包括碱基损伤与糖基破坏、碱基之间发生错配、DNA链发生断裂和DNA链的共价交联。DNA损伤可导致DNA模板发生碱基置换、插入、缺失、链的断裂等。碱基置换也称点突变；碱基的插入和缺失可引起移码突变。

2. DNA损伤修复　常见的修复途径或系统包括直接修复、切除修复、重组修复、损伤跨越修复等。

（1）有些DNA损伤可以直接修复：①嘧啶二聚体的直接修复。DNA光裂合酶直接识别和结合DNA链的嘧啶二聚体，在可见光激发下将嘧啶二聚体解聚为单核苷酸形式，完成修复。②烷基化碱基的直接修复。烷基转移酶将烷基从核苷酸转移到自身肽链上，修复DNA的同时自身发生不可逆的失活。③单链断裂的直接修复。DNA连接酶催化DNA双链中一条链上缺口处5'-磷酸基团与相邻片段的3'-羟基之间形成磷酸二酯键，修复DNA的单链断裂。

（2）切除修复是最普遍的DNA损伤修复方式：①碱基切除修复。DNA糖基化酶识别并切除受损碱基，无碱基位点核酸内切酶切除剩余的磷酸核糖；DNA聚合酶以另一条链为模板修补合成互补序列；DNA连接酶连接切口，使DNA恢复正常结构。②核苷酸切除修复。酶系统识别DNA损伤部位并切开DNA链，去除受损寡核苷酸；DNA聚合酶以另一条链为模板合成一段新的DNA；最后由连接酶连接，完成损伤修复。③碱基错配修复。纠正复制与重组中出现的碱基配对错误。

（3）DNA严重损伤时需要重组修复：重组修复是指依靠重组酶系，将另一段未受损伤的DNA移到损伤部位，提供正确模板，进行修复的过程。包括同源重组修复和非同源末端连接重组修复。

（4）DNA的跨越损伤修复是一种差错倾向性DNA损伤修复：①重组跨越损伤修复。DNA链的损伤较大，导致损伤链不能作为模板复制时，细胞能够利用同源重组的方式，将DNA模板进行交换重组，使复制能继续下去。②合成跨越损伤修复。DNA双链发生大片段、高频率损伤时，细胞紧急启动应急修复系统（SOS修复），诱导产生新的DNA pol Ⅳ或pol Ⅴ，在子链上以随机插入的方式掺入正确或错误的核苷酸使复制继续，越过损伤部位之后，再由原来DNA pol Ⅲ继续复制。

3. DNA损伤及其修复的意义

（1）DNA损伤具有双重效应：DNA损伤的生物学后果，一是给DNA带来突变，二是使DNA不能用作复制和转录的模板，导致细胞的功能出现障碍甚至死亡。

（2）DNA损伤修复障碍与肿瘤等多种疾病相关：DNA损伤与肿瘤、遗传性疾病、免疫性疾病及衰老等多种疾病的发生密切关联。

拓展练习及参考答案

拓展练习

【填空题】

1. DNA合成的原料是（　　）；复制中所需要的引物是（　　）。

2. 最普遍的DNA损伤修复方式是（　　）。

【判断题】

1. 原核生物中的DNA聚合酶都有5′→3′核酸外切酶活性。

2. 逆转录酶催化合成的产物是DNA。

【名词解释】

1. 半保留复制

2. 端粒

【选择题】

A型题

1. 下列关于逆转录酶的叙述，正确的是

A. 以mRNA为模板催化合成RNA的酶

B. 其催化合成反应的方向是3′→5′

C. 催化合成时须先合成冈崎片段

D. 此酶具有RNase活性

E. 此酶具有DNase Ⅰ活性

2. 下列关于原核生物DNA聚合酶Ⅲ的叙述，错误的是

A. 是复制延长中真正起作用的酶

B. 由多亚基组成的不对称二聚体

C. 具有 5′→3′ 聚合酶活性

D. 具有 5′→3′ 核酸外切酶活性

E. 具有 3′→5′ 核酸外切酶活性

B型题

（3、4题共用选项）

A. SSB   B. DnaA蛋白   C. DnaB蛋白   D. DNA pol Ⅰ   E. DnaG蛋白

3. 在DNA复制时，能与DNA单链结合的蛋白质是

4. 具有催化短链RNA分子合成能力的蛋白质是

X型题

5. 下列真核生物与原核生物复制特点的比较中，正确的有

A. 真核生物的复制可能需要端粒酶参与

B. 真核生物的冈崎片段短于原核生物

C. 真核生物的复制起始点少于原核生物

D. 真核生物的复制是多复制子的复制

E. 真核生物DNA聚合酶的催化速率低于原核生物

6. 复制过程中具有催化3′,5′-磷酸二酯键生成的酶有

A. 引物酶   B. DNA聚合酶   C. 拓扑异构酶   D. 解螺旋酶   E. DNA连接酶

【问答题】

1. 什么是逆转录？试述逆转录过程及其意义。

2. 试述切除修复的类型及其修复机制。

笔记

参考答案

【填空题】

1．dNTP；RNA

2．切除修复

【判断题】

1．×　原核生物的DNA聚合酶Ⅰ有5′→3′核酸外切酶活性，而DNA聚合酶Ⅱ和Ⅲ没有。

2．√

【名词解释】

1．半保留复制　在复制时，亲代双链DNA解开为两股单链，各自作为模板，依据碱基配对规律，合成序列互补的子代DNA双链。

2．端粒　真核生物染色体线性DNA分子末端的结构。

【选择题】

A型题　1．D　2．D

B型题　3．A　4．E

X型题　5．ABDE　6．ABCE

【问答题】

1．答案见知识点总结（五）。

2．答案见知识点总结（六）2（2）。

第11周　RNA的合成

一、考研真题解析

1.（2012年A型题）RNA聚合酶Ⅱ所识别的DNA结构是

A. 内含子　　　　B. 外显子　　　　C. 启动子　　　　D. 增强子

【答案与解析】 1．C。启动子是DNA分子上介导RNA聚合酶结合并形成转录起始复合体的序列。真核生物有三类启动子，分别对应于细胞内存在的三种不同的RNA聚合酶和蛋白质。RNA聚合酶Ⅱ识别和结合Ⅱ类启动子。

2.（2013年A型题）RNA编辑所涉及的过程是

A. RNA合成后的加工过程　　　　B. RNA聚合酶识别模板的过程

C. DNA指导的RNA合成过程　　　　D. tRNA反密码对密码的识别过程

【答案与解析】 2．A。RNA编辑是指mRNA上的一些序列在转录后发生了改变。

3.（2013年X型题）真核生物mRNA合成后的加工有

A. mRNA编辑　　　　B. 3′-末端加多聚腺苷酸尾

C. 前体mRNA剪接去除内含子　　　　D. 在分子伴侣协助下折叠成天然构象

【答案与解析】 3．ABC。真核生物mRNA合成后的加工包括前体mRNA在5′-末端加入帽结构和在3′-端加上多聚腺苷酸尾，前体mRNA的剪接和mRNA编辑。

笔记

4.（2014年A型题）在DNA双链中，能够转录生成RNA的核酸链是

A．模板链　　　　　B．编码链　　　　　C．前导链　　　　　C．后随链

【答案与解析】　4．A。模板链是指DNA双链中按碱基配对规律指引转录生成RNA的一股单链，编码链是指DNA双链中与模板链对应的另一条链。

5.（2015年A型题）原核生物转录起始点上游-10区的共有序列是

A．普里布诺（Pribnow）盒　　　　　B．GC盒

C．UAA　　　　　D．TTATTT

【答案与解析】　5．A。原核生物转录起始点上游-10区的共有序列TATAAT，又称为Pribnow盒。

6.（2016年A型题）在原核生物转录中，ρ因子的作用是

A．辨认起始点　　　　　B．终止转录

C．参与转录全过程　　　　　D．决定基因转录的特异性

【答案与解析】　6．B。在依赖ρ因子终止的转录中，ρ因子识别产物RNA上的终止信号并与之结合，ρ因子和RNA聚合酶发生构象变化，使RNA聚合酶活性停顿，ρ因子的解螺旋酶活性使DNA/RNA杂化双链拆离，产物从转录复合物中释放，转录终止。

7.（2017年A型题）真核生物与原核生物转录的相同点是

A．都以操纵子模式进行调控　　　　　B．RNA合成酶相同

C．转录都具有不对称性　　　　　D．产物都需在细胞核加工

【答案与解析】　7．C。在DNA分子双链上，一股链作为模板，按碱基配对规律能

指导转录生成RNA，另一股链不转录。转录的这种选择性称为不对称转录。

（8、9题共用选项）（2017年B型题）

A．RNA编辑

B．RNA自身剪接

C．RNA加帽

D．RNA加多聚腺苷酸尾

8．核酶的生物学作用是

9．蛋白质氨基酸序列与hnRNA序列不完全对应的可能原因是

【答案与解析】 8．B。核酶是细胞内具有催化功能的一类小分子RNA，在RNA的剪接修饰中具有重要作用，可实现RNA的自剪接。9．A。mRNA上的一些序列在转录后发生改变称RNA编辑。

10．（2017年X型题）能够与TATA盒结合的蛋白质有

A．RNA聚合酶Ⅱ

B．转录因子（TF）ⅡD

C．拓扑异构酶

D．组蛋白

【答案与解析】 10．AB。在转录复合体形成过程中，TFⅡD的TATA结合蛋白（TBP）结合启动子的TATA盒；TFⅡD结合TBP；TFⅡA稳定与DNA结合的TFⅡD-TBP复合体；TFⅡF和RNA pol Ⅱ一起与TFⅡB相互作用，协助RNA pol Ⅱ靶向结合启动子；TFⅡE和TFⅡH加入，形成闭合复合体。

11．（2018年A型题）RNA生物合成时，转录因子TFⅡD结合的部位是

A．TATA盒

B．ATG

C．GC盒

D．多聚腺苷酸［poly（A）］

【答案与解析】 11．A。参见考研真题解析第10题解析。

12．（2019年A型题）构成剪接体的RNA是

A．干扰小RNA（siRNA）　　　　　　B．核小RNA（snRNA）

C．微RNA（miRNA）　　　　　　　　D．核仁小RNA（snoRNA）

【答案与解析】 12．B。剪接体是一类超大分子复合体，由5种snRNA和大约100种以上的蛋白质装配而成。

13．（2020年A型题）真核生物转录前起始复合物中，识别TATA盒的转录因子是

A．TFⅡA　　　　　B．TFⅡB　　　　　C．TFⅡD　　　　　D．TFⅡF

【答案与解析】 13．C。参见考研真题解析第11题解析。

14．（2020年X型题）真核生物mRNA前体剪接部位的结构有

A．5′-剪接位点为GU　　　　　　　　B．3′-剪接位点为AG

C．终止密码的3′-端　　　　　　　　D．切割信号序列5′-AAUAA-3′

【答案与解析】 14．AB。前体mRNA含有可被剪接体所识别的特殊序列，大多数内含子都以GU为5′-端的起始序列，其末端为以AG-OH-3′，5′-GU…AG-OH-3′称为剪接接口。

二、知识点总结

本周知识点考点频率统计见表11-1。

表 11-1　RNA 的合成考点频率统计表（2012—2022 年）

年　份	原核生物转录的模板和酶			原核生物的转录过程		真核生物RNA的生物合成		真核生物前体RNA的加工		
	模板	RNA集合酶	启动子	起始延长	终止方式	RNA聚合酶	起始、延长、终止	mRNA加工	rRNA、tRNA加工	自剪接
2022										
2021										
2020						√		√		
2019								√		
2018						√				
2017	√					√		√		√
2016					√					
2015			√							
2014	√									
2013								√√		
2012						√				

（一）原核生物转录的模板和酶

1. 原核生物转录的模板　DNA 双链中的一股链作为模板，按碱基配对规律指导转录生成 RNA，另一股链不转录。转录时作为模板合成 RNA 的一股 DNA 单链称为模板链，相对应的另一股DNA单链被称为编码链。

2. **RNA聚合酶催化RNA合成** 大肠杆菌RNA pol是由5种亚基α_2（两个α）、β、β'、ω和σ组成六聚体蛋白质。α亚基决定哪些基因被转录；β亚基与转录过程有关（催化）；β'亚基结合DNA模板（开链）；ω亚基促进β'折叠和稳定，募集σ亚基；σ亚基辨认起始点。核心酶由$\alpha_2\beta\beta'\omega$亚基组成，催化NTP按模板的指引合成RNA，但无固定起始位点。σ亚基加上核心酶称为全酶。

利福平特异性结合RNA pol的β亚基，抑制RNA pol，已成为抗结核治疗的药物。

3. **RNA聚合酶结合到启动子上启动转录** 转录是分区段进行的，每一转录区段可视为一个转录单位，称为操纵子。操纵子包括若干个基因的编码区及其调控序列。调控序列中的启动子是RNA pol结合模板DNA的部位，也是决定转录起始点的关键部位。

原核生物基因操纵子转录上游区域存在共有序列。-35区为TTGACA，是RNA pol对转录起始的识别序列。-10区为TATAAT，称为Pribnow盒。RNA pol结合识别序列后向下游移动，达到Pribnow盒，形成RNA pol-DNA复合物，开始转录。

（二）原核生物的转录过程

包括转录起始、转录延长和转录终止三个阶段。

1. **转录起始需要RNA聚合酶全酶** 转录起始需要全酶，σ亚基辨认起始点，延长过程仅需核心酶催化。

RNA pol中的σ亚基辨认转录起始区和转录起点，首先被辨认的DNA区段是-35区的TTGACA序列，在这一区段，酶与模板的结合松弛，接着酶移向-10区的TATAAT序列并跨入转录起始点，与模板稳定结合，形成闭合转录复合体。闭合转录复合体的 DNA 双链解开，成为开放转录复合体，转录开始。两个与模板配对的相邻核苷酸在 RNA pol 催化下生成磷酸二酯键；第一位的核苷酸总是 GTP 或 ATP，尤以 GTP 更为常见。

2. **RNA pol 的核心酶独立延长 RNA 链** 第一个磷酸二酯键生成后，转录复合体的构象发生改变。σ 亚基从转录起始复合物上脱落，离开启动子，RNA 合成进入延长阶段。RNA pol 的核心酶留在 DNA 模板上，沿着模板 DNA 不断前移，催化 RNA 链的延长。

3. **原核生物转录延长与蛋白质的翻译同时进行** 在原核生物中较为普遍，保证转录和翻译都以高效率进行。

4. **原核生物转录终止分为依赖 ρ 因子与非依赖 ρ 因子两大类** 分类的依据为是否需要蛋白质因子的参与。

（三）真核生物 RNA 的生物合成

1. **真核生物有多种 DNA 依赖性 RNA 聚合酶** 真核生物有 RNA pol Ⅰ、RNA pol Ⅱ 和 RNA pol Ⅲ。RNA pol Ⅰ 催化合成 rRNA 前体；RNA pol Ⅱ 催化合成前体 mRNA 及非编码 RNA 如 lncRNA、miRNA 和 piRNA；RNA pol Ⅲ 催化合成 tRNA、5S rRNA 和 snRNA。

2. **顺式作用元件和转录因子在真核生物转录起始中有重要作用**

（1）与转录起始有关的顺式作用元件：顺式作用元件包括核心启动子、启动子上游元件和增强子等。核心启动子共有序列为 TATA，称为 Hognest 盒或 TATA 盒，是转录起始前复合物的结合位点。启动子上游元件是位于 TATA 盒上游的 DNA 序列，常见有 CAAT 盒和 GC 盒。增强子是能够结合特异基因调节蛋白并促进邻近或远隔特定基因表达的DNA序列。

（2）转录因子：能直接、间接辨认和结合启动子及其上游调节序列等顺式作用元件的蛋白质属于转录因子（TF），包括通用转录因子和特异转录因子。

通用转录因子是直接或间接结合RNA pol的一类转录调控因子，在真核生物进化中高度保守。相应于RNApol Ⅰ、RNA Ⅱ、pol Ⅲ的TF，分别称TF Ⅰ、TF Ⅱ、TF Ⅲ。TF Ⅱ的种类及其作用见表11-2。与启动子上游元件如GC盒、CAAT盒等顺式作用元件结合的转录因子称为上游因子，如SP1结合GC盒。

表11-2　参与RNA-pol Ⅱ转录的TF Ⅱ的作用

转录因子	功　能
TF Ⅱ D	含TBP亚基，结合启动子的TATA盒DNA序列
TF Ⅱ A	辅助和加强TBP与DNA结合
TF Ⅱ B	结合TF Ⅱ D，稳定TF Ⅱ D-DNA复合物，介导RNA pol Ⅱ的募集
TF Ⅱ E	募集TF Ⅱ H并调节其激酶和解螺旋酶活性，结合单链DNA，稳定解链状态
TF Ⅱ F	结合RNA pol Ⅱ并随其进入转录延长阶段，防止其与DNA的接触
TF Ⅱ H	解旋酶和ATP水解酶活性，作为蛋白激酶催化CTD磷酸化

特异转录因子是在特定类型细胞中高表达，对一些基因的转录进行时间和空间特异性调控的转录因子。与远端调控序列如增强子结合的转录因子是主要的特异性转录因子。

（3）转录起始前复合物：先由TF Ⅱ D的TBP结合启动子的TATA盒，然后TF Ⅱ B与TBP结合，TF Ⅱ A稳定与DNA结合的TF Ⅱ D-TBP复合体；TF Ⅱ D-TBP复合体再与由RNA pol Ⅱ和TF Ⅱ F组成的复合体结合，最后TF Ⅱ E和TF Ⅱ H加入，形成闭合复合体。

TF Ⅱ H具有解旋酶活性，使闭合转录复合体成为开放转录复合体。TF Ⅱ H还具有激酶活性，使RNA pol Ⅱ的羧基末端结构域（CTD）磷酸化而改变开放复合体的构象，启动转录。

3. 真核生物RNA转录延长过程不与翻译同步　真核生物转录延长过程与原核生物大致相似，但有核膜相隔，无转录与翻译同步现象。

4. 真核生物的转录终止和加尾修饰同时进行　真核生物转录终止与转录后修饰密切相关。在可读框下游常有一组共同序列AATAAA，再下游还有相当多的GT序列，这些序列称为转录终止的修饰点。转录越过修饰点后，前体mRNA在修饰位点处被切断，随即加入poly（A）尾及5′-端帽子结构。

（四）真核生物前体RNA的加工

1. 真核前体mRNA经首、尾修饰、剪接和编辑加工后才能成熟

（1）前体mRNA在5′-端加入"帽"结构：大多数真核mRNA 5′-末端有7-甲基鸟嘌呤的帽结构。加帽过程由加帽酶和甲基转移酶催化。5′-帽子结构可使mRNA免遭核酸酶的攻击，增强mRNA作为翻译模板的活性。

（2）前体mRNA在3′-端特异位点断裂并加上多聚腺苷酸尾：前体mRNA先由核酸内切酶切除3′-端部分序列，再加入多聚腺苷酸尾［poly（A）］。poly（A）与维持

mRNA稳定性和作为翻译模板的活性高度相关。

（3）前体mRNA的剪接主要是去除内含子：真核生物基因是断裂基因，具有不连续性，基因序列中存在内含子和外显子。去除前体mRNA上的内含子，把外显子连接为成熟RNA的过程称为mRNA剪接。

剪接首先涉及套索RNA的形成，即内含子区段弯曲，使相邻两个外显子互相靠近而有利于剪接。大多数内含子以GU为5′-端的起始序列，末端为AG-OH-3′，5′-GU…AG-OH-3′称为剪接接口或边界序列。剪接过程需两次转酯反应，无能量消耗。

前体mRNA的剪接发生在剪接体。剪接体是一种超大分子复合体，由5种snRNA和大约100种以上的蛋白质装配而成，其中的snRNA分别被称为U1、U2、U4、U5、U6，长度范围在100～300个核苷酸。每一种snRNA分别与多种蛋白质结合，形成5种核小核糖核蛋白颗粒（snRNP）。

前体mRNA的加工还有剪切模式。有些可剪切和/或剪接加工成结构有所不同的mRNA，这一现象称为可变剪接。

（4）mRNA编辑是对基因的编码序列进行转录后加工：mRNA上的一些序列在转录后发生了改变，称为RNA编辑。

2. 真核rRNA前体经过剪接形成不同类别的rRNA　真核细胞的18S、5.8S和28S rRNA基因串联在一起，转录后产生45S的转录产物。45S rRNA经过核糖核酸内切酶和核糖核酸外切酶剪切，去除内含子等，产生成熟的18S、5.8S及28S rRNA。

3. 真核前体tRNA的加工包括核苷酸的碱基修饰　前体tRNA 5′-端的16个核苷酸

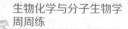

前导序列被 RNase P 切除。氨基酸臂的 3′-端 2 个 U 被核糖核酸内切酶 RNase Z 切除，有时核糖核酸外切酶 RNase D 等也参与切除过程，氨基酸臂的 3′-端再由核苷酸转移酶加上特有的 CCA 末端。茎环结构中的一些核苷酸经化学修饰为稀有碱基。tRNA 剪接内切酶剪接切除茎环结构中部的 14 个核苷酸的内含子。

（五）RNA 催化一些内含子的自剪接

四膜虫 rRNA 前体在没有任何来自四膜虫的蛋白质情况下，能准确地剪接去除内含子。这种由 RNA 催化自身内含子剪接反应的称为自剪接。这些自身剪接内含子的 RNA 具有催化功能，属于核酶。核酶的发现丰富和发展了酶学的概念，目前认为酶是一种生物催化剂，除蛋白质类的酶外，还包括具有催化活性的 DNA 和 RNA。

拓展练习及参考答案

✑ 拓展练习

【填空题】

1. 转录时作为 RNA 合成模板的一股单链称为（ ），相对应的另一股单链称为（ ）。

2. 原核生物转录起始前 −35 区的序列是（ ），−10 区的序列是（ ）。

【判断题】

1. 核酶是由 RNA 组成的酶。

2. 真核生物 mRNA 的成熟过程都发生在细胞质内。

【名词解释】

1. 反式作用因子

2. mRNA剪接

【选择题】

A型题

1. 真核生物RNA聚合酶 I 转录后可产生的是

A. hnRNA　　　　B. 45S rRNA　　　C. tRNA　　　　D. 5S rRNA　　　E. snRNA

2. 真核生物中，催化转录产物为hnRNA的RNA聚合酶是

A. RNA聚合酶核心酶　　　　　　B. RNA聚合酶 I　　　　　　　C. RNA聚合酶 II

D. RNA聚合酶 III　　　　　　　E. RNA聚合酶β亚基

B型题

（3、4题共用选项）

A. hnRNA　　　　B. siRNA　　　　C. snoRNA　　　D. 5S rRNA　　　E. snRNA

3. 能对外源侵入的双链RNA进行切割的核酸是

4. 能与核内蛋白质组成核糖体的是

X型题

5. 参与真核生物hnRNA转录前起始复合物形成的因子有

A. TF II D　　　　B. TF II A　　　　C. TBP　　　　D. TF III　　　　E. TF II B

6. 下列关于TF II 的叙述，正确的有

A. 属于基本转录因子　　　　　　　　B. 参与真核生物mRNA的转录

C. 在真核生物进化中高度保守　　　　D. 是原核生物转录调节的重要物质

E. 与转录终止的修饰有关

【问答题】

1. 原核生物RNA聚合酶各亚基的功能是什么?

2. 真核生物RNA聚合酶Ⅱ的各种转录因子的作用是什么?

参考答案

【填空题】

1. 模板链;编码链

2. TTGACA;TATAAT

【判断题】

1. √

2. ×   真核生物mRNA的成熟过程发生在细胞核内。

【名词解释】

1. 反式作用因子   能直接、间接辨认和结合转录上游区段DNA或增强子的蛋白质。

2. mRNA剪接   去除前体mRNA上的内含子、把外显子连接为成熟RNA的过程。

【选择题】

A型题   1. B   2. C

B型题   3. B   4. D

X型题   5. ABCE   6. ABC

【问答题】

1. 答案见知识点总结(一)2。

2. 答案见表11-2。

第12周　蛋白质的合成

一、考研真题解析

1.（2012年A型题）参与新生多肽链正确折叠的蛋白质是

A．分子伴侣　　　B．G蛋白　　　　C．转录因子　　　D．释放因子

【答案与解析】　1．A。分子伴侣是与部分折叠或错误折叠的肽链以非共价键形式特异结合，促使其正确折叠或提供折叠环境的一类辅助性蛋白质。主要有热激蛋白（Hsp）70家族和伴侣蛋白。

2.（2012年X型题）蛋白质多肽链生物合成后的加工过程有

A．二硫键形成　　B．氨基端修饰　　　C．多肽键折叠　　　D．辅基的结合

【答案与解析】　2．ABCD。蛋白质合成后的加工过程可有以下几点。肽链折叠为天然功能构象的蛋白质；高级结构的修饰如亚基聚合、辅基连接等；一级结构修饰如氨基端修饰、个别氨基酸的修饰及水解修饰等。

3.（2013年A型题）下列关于原核生物蛋白质合成的叙述，正确的是

A．一条mRNA编码几种蛋白质　　　B．释放因子是eRF

C．80S核蛋白体参与合成　　　　D．核内合成，细胞质基质加工

【答案与解析】　3．A。原核生物为多顺反子mRNA，一条mRNA链可编码几种蛋

白质。

4.（2013年X型题）能够影响蛋白质生物合成的物质有

A. 毒素　　　　　B. 泛素　　　　　C. 抗生素　　　　　D. 干扰素

【答案与解析】 4. ACD。某些毒素抑制真核生物蛋白质合成，如白喉毒素可是eEF2发生ADP糖基化共价修饰，生成eEF2腺苷二磷酸核糖衍生物，使eEF2失活。某些抗生素可抑制蛋白质生物合成，如伊短菌素、四环素、链霉素、氯霉素、嘌呤霉素等。干扰素可诱导真核生物起始因子（eIF）2磷酸化失活，抑制病毒蛋白质合成；并可诱导生成寡核苷酸而活化核糖核酸酶（RNase）L，降解病毒mRNA，阻断病毒蛋白质合成。

5.（2014年A型题）反密码子摆动性的生物学意义是

A. 维持生物表型稳定　　　　　　　B. 有利于遗传变异

C. 生物通用性　　　　　　　　　　D. 遗传特异性

【答案与解析】 5. A。密码子的摆动性使一种tRNA识别mRNA序列中的多种简并性密码子，这对于维持生物表型的稳定性非常重要。

6.（2015年A型题）镰状细胞贫血患者的血红蛋白β基因链上CTC转变成CAC，这种突变是

A. 移码突变　　　　B. 错义突变　　　　C. 无义突变　　　　D. 同义突变

【答案与解析】 6. B。错义突变是编码某种氨基酸的密码子经碱基置换后，变成编码另一种氨基酸的密码子，从而使多肽链的氨基酸的种类和序列发生改变。

7.（2016年A型题）下列密码子的特点中，与移码突变有关的是

A．通用性　　　　B．简并性　　　　C．连续性　　　　D．摇摆性

【答案与解析】 7．C。连续性是指密码子之间无间隔核苷酸，从起始密码子开始连续阅读，直至终止密码子。可读框中插入或缺失非3的倍数的核苷酸会引起mRNA可读框发生移动，导致移码突变。

8.（2017年A型题）热激蛋白的生理功能是

A．作为酶参与蛋白质合成　　　　B．促进新生多肽链的折叠

C．参与蛋白质靶向输送　　　　D．肽链合成起始的关键分子

【答案与解析】 8．B。Hsp70与未折叠蛋白质疏水区结合，可防止新生肽链过早折叠。Hsp70也可使一些跨膜蛋白质在转位至膜前保持非折叠状态。有些Hsp70通过与多肽链结合、释放的循环过程，使多肽链发生折叠。

9.（2018年A型题）蛋白质生物合成时具有GTP酶活性的物质是

A．23S rRNA　　　　B．延长因子（EF）-G

C．EF-Tu　　　　D．释放因子（RF）-2

【答案与解析】 9．C。在原核生物肽链延长过程中，EF-Tu可促进氨酰tRNA进入A位，结合并分解GTP。

（10、11题共用选项）（2018年B型题）

A．羟脯氨酸　　　B．苏氨酸　　　C．硒代半胱氨酸　　D．亮氨酸。

10．蛋白质生物合成后经修饰形成的氨基酸是

11．可以被磷酸化修饰的氨基酸是

【答案与解析】 10、11．A、B。脯氨酸在蛋白质合成加工时可被修饰成羟脯氨酸。可被磷酸化修饰的氨基酸有丝氨酸、苏氨酸和酪氨酸。

12．（2018年A型题）参与合成多肽链正确折叠的蛋白质是

A．泛素　　　　　B．热激蛋白

C．逆转录酶　　　D．蛋白激酶

【答案与解析】 12．B。参见考研真题解析第1题解析。

13．（2018年X型题）参与蛋白质生物合成的能量物质有

A．ATP　　　　　B．CTP　　　　　C．GTP　　　　　D．UTP

【答案与解析】 13．AC。蛋白质合成时，氨基酸的活化需要消耗2分子ATP，翻译起始复合物的形成、肽链的延长及肽链合成的终止均需要消耗GTP。

14．（2019年A型题）参与蛋白质折叠的蛋白质分子是

A．细胞膜上受体　B．伴侣蛋白　　　C．细胞内骨架蛋白　D．组蛋白

【答案与解析】 14．B。参见考研真题解析第1题解析。

15．（2019年X型题）蛋白质翻译后氨基酸的化学修饰方式有

A．乙酰化　　　　　　　　　B．甲基化

C．形成硒代半胱氨酸　　　　D．形成二硫键

【答案与解析】 15．ABCD。常见的修饰有磷酸化、糖基化、羟基化、甲基化、乙酰化、硒化等化学修饰和二硫键形成等。

16.（2020年A型题）在肽链合成中，原核生物核糖体能够结合新进入的氨酰tRNA的位点是

A．A位   B．P位

C．E位   D．核糖体结合位点

【答案与解析】 16．A。原核生物核糖体上存在A位、P位和E位。A位结合氨酰tRNA，称氨酰位；P位结合肽酰tRNA，称肽酰位；E位释放卸载了氨基酸的tRNA，称排出位。

17.（2021年A型题）发挥催化作用的RNA酶是

A．氨酰tRNA合成酶   B．脱甲酰基酶

C．二硫键异构酶   D．肽酰转移酶

【答案与解析】 17．D。成肽过程由肽酰转移酶催化，该酶的化学本质不是蛋白质，而是rRNA，在原核生物中为23S rRNA，在真核生物为28S rRNA。肽酰转移酶属于一种核酶。

18.（2022年A型题）参与蛋白质生物合成的肽酰转移酶的化学本质是

A．脂肪酸   B．RNA   C．DNA   D．多糖

【答案与解析】 18．B。参见考研真题解析第17题解析。

二、知识点总结

本周知识点考点频率统计见表12-1。

表 12-1　蛋白质的合成考点频率统计表（2012—2022 年）

年份	蛋白质生物合成体系				氨基酸与tRNA的连接	肽链的合成过程			蛋白质合成后的加工和靶向输送			蛋白质生物合成的干扰和抑制	
	mRNA	tRNA	核糖体	酶和蛋白质因子		起始	延长	终止	肽链折叠、水解	氨基酸化学修饰	亚基聚合及靶向输送	抗生素	毒素
2022							√						
2021							√						
2020			√										
2019									√	√			
2018				√			√		√	√√			
2017									√				
2016	√												
2015	√												
2014	√												
2013						√							√
2012									√	√			

（一）蛋白质生物合成体系

参与蛋白质合成的物质包括原料（20种氨基酸）、模板（mRNA）、氨基酸的"搬

运工具"（tRNA）、装配场所（核糖体）、有关的酶与蛋白质因子、能量（ATP或GTP）等。

1. mRNA是蛋白质合成的模板　在mRNA的可读框区域，每3个相邻的核苷酸为一组，编码一种氨基酸或肽链合成的起始/终止信息，称为密码子。64种密码子中，AUG为起始密码子，UAA、UAG、UGA为终止密码子。遗传密码有以下5个特点。

（1）方向性：只能从5′→3′阅读，即从mRNA的起始密码子AUG开始，按5′→3′方向逐一阅读，直至终止密码子。

（2）连续性：密码子之间无间隔核苷酸，从起始密码子开始连续阅读，直至终止密码子。可读框中插入或缺失非3的倍数的核苷酸会引起mRNA可读框发生移动，导致移码突变。

（3）简并性：指有的氨基酸可由多个密码子编码。

（4）摆动性：密码子与tRNA的反密码子配对有时不严格遵循碱基配对原则，出现摆动。

（5）通用性：即从细菌到人类都使用同一套遗传密码。

2. tRNA是氨基酸和密码子之间的特异连接物　tRNA通过其反密码子与mRNA上的密码子识别，将携带的氨基酸在核糖体上准确对号入座。tRNA上有氨基酸结合部位和mRNA结合部位，分别为氨基酸臂的-CCA末端的腺苷酸3′-OH和反密码环上的反密码子。

3. 核糖体是蛋白质合成的场所　核糖体上存在A位、P位和E位。A位结合氨酰

笔记

tRNA，称氨酰位；P位结合肽酰tRNA，称肽酰位；E位释放卸载了氨基酸的tRNA，称排出位。

4. **蛋白质合成需要多种酶类和蛋白质因子** 蛋白质合成需要ATP或GTP供能，需要Mg^{2+}、转肽酶、氨酰tRNA合成酶等参与；起始、延长、终止分别需要的蛋白质因子为起始因子（IF）、延长因子（EF）和释放因子（RF），具体见表12-2。

表12-2 原核生物与真核生物参与肽链合成所需要的蛋白质因子

因子分类	原核生物	真核生物
起始因子	IF1、IF2、IF3	eIF1、IF1A、eIF2、eIF2B、eIF3、eIF4A、eIF4B、eIF4E、eIF4G、eIF4F、eIF5、eIF5B
延长因子	EF-Tu、EF-Ts、EF-G	eEF1α、eEF1βγ、eEF2
释放因子	RF1、RF2、RF3	eRF

（二）氨基酸与tRNA的连接

氨酰tRNA合成酶催化氨基酸与tRNA结合形成氨酰tRNA的过程称氨基酸的活化。氨酰tRNA合成酶对底物氨基酸和tRNA都有高度特异性，同时还有校对活性。氨基酸活化需消耗2个ATP的高能磷酸键。

原核生物的起始氨酰tRNA是fMet-tRNA^{fMet}，甲硫氨酸（Met）被甲酰化为N-甲酰甲硫氨酸（fMet）；真核生物具有起始功能的是Met-tRNA$_i^{Met}$。

（三）肽链的合成过程

包括起始、延长和终止三个阶段。真核生物的肽链合成过程与原核生物基本相似，只是反应更复杂、涉及的蛋白质因子更多。

1. 翻译起始复合物的装配启动肽链合成

（1）原核生物翻译起始复合物的形成：①核蛋白体大小亚基分离。在 IF 的帮助下，大、小亚基解离。②mRNA 与核糖体小亚基结合。mRNA 上距起始 AUG 上游约 10 个核苷酸处通常为 -AGGAGG-，可被 16S rRNA 通过碱基互补而精确识别，将核糖体小亚基准确定位于 mRNA。该序列被称为核糖体结合位点，也称 SD 序列。③fMet-tRNA^{fMet} 结合在核糖体 P 位。fMet-tRNA^{fMet} 与结合 GTP 的 IF2 一起识别并结合小亚基 P 位上 mRNA 的 AUG。④翻译起始复合物形成。结合 mRNA、fMet-tRNA^{fMet} 的小亚基再与大亚基结合，GTP 被水解，释放 3 种 IF，形成翻译起始复合物，A 位留空。

（2）真核生物翻译起始复合物的形成：①43S 前起始复合物的形成。多种 IF 与核糖体小亚基结合，eIF1A、eIF3 阻止 tRNA 结合 A 位，防止大小亚基过早结合；eIF1 结合于 E 位，GTP-eIF2 与起始氨酰 tRNA 结合，随后 eIF5 和 eIF5B 加入，形成 43S 的前起始复合物。②mRNA 与核糖体小亚基定位结合。mRNA 与 43S 前起始复合物的结合由 eIF4F 介导。eIF4F 复合物由 eIF4E（结合 mRNA5′-帽结构）、eIF4A［具有腺苷三磷酸酶（ATPase）及 RNA 解旋酶活性］和 eIF4G（结合 eIF3、eIF4E 和 PABP）组成。③核糖体大亚基的结合。mRNA 与 43S 前起始复合物及 eIF4F 复合物结合产生的 48S 起始复合物从 mRNA5′-端向 3′-端扫描并定位于起始密码子，随后大亚基加入，eIF2 水解结合的 GTP，起始因子释放，形成翻译起始复合物。

2. **在核糖体上重复进行的三步反应延长肽链**　肽链合成是一个在核糖体上重复进行进位、成肽和转位的循环过程。

（1）进位：指氨酰tRNA按照mRNA模板的指令进入并结合到核糖体A位。氨酰tRNA与GTP-EF-Tu结合后进入A位，GTP随之水解，EF-Tu-GDP从核糖体释放。

（2）成肽：指核糖体A位和P位的tRNA所携带的氨基酸缩合成肽的过程。成肽过程由肽酰转移酶催化，其化学本质是RNA，在原核生物为23S rRNA，真核生物为28S rRNA。肽酰转移酶属于一种核酶。

（3）转位：指成肽后的核糖体向mRNA的3′-端移动一个密码子的距离。转位需要EF-G（转位酶），并需要GTP水解供能。

真核生物的肽链延长机制与原核生物相同，但真核生物需要eEF1α、eEF1βγ和eEF2，其功能分别对应于EF-Tu、EF-Ts和EF-G。

3. **终止密码子和释放因子导致肽链合成停止**　释放因子（RF）能识别终止密码子而进入A位，需要水解GTP。RF的结合触发核糖体构象改变，将肽酰转移酶活性转变为酯酶活性，水解P位上肽链与tRNA结合的酯键，释放新生肽链，mRNA、tRNA及RF从核糖体脱离。

原核生物有三种RF，RF1识别UAA或UAG，RF2识别UAA或UGA，二者均可诱导肽酰转移酶转变为酯酶。RF3具有GTPase活性，促进RF1与RF2与核糖体结合。真核生物仅有一种eRF，可识别三种终止密码子。

（四）蛋白质合成后的加工

1. **新生肽链折叠需要分子伴侣**　分子伴侣是与部分折叠或错误折叠的肽链以非

共价键形式特异结合，促使其正确折叠或提供折叠环境的一类辅助性蛋白质。主要有Hsp70家族和伴侣蛋白。

Hsp70与未折叠蛋白质疏水区结合，避免蛋白质因高温变性，防止新生肽链过早折叠。Hsp70也可使一些跨膜蛋白质在转位至膜前保持非折叠状态。有些Hsp70通过与多肽链结合、释放的循环过程，使多肽链发生折叠。这个过程需要ATP和其他伴侣蛋白如Hsp40。

有些肽链的正确折叠还需要伴侣蛋白发挥辅助作用，其主要作用是为非自发性折叠肽链提供正确折叠的微环境，如大肠杆菌GroEL/GroES（真核细胞同源物为Hsp60）等家族。

一些蛋白质形成空间构象还需要异构酶的参与，如蛋白质二硫键异构酶和肽脯氨酰基顺-反异构酶。前者帮助肽链内或肽链之间正确形成二硫键，后者可使肽链在各脯氨酸弯折处形成正确折叠。

2. 肽链水解加工产生具有活性的蛋白质或多肽　新生肽链N-端的甲硫氨酸残基在肽链离开核糖体后，大部分由特异的蛋白水解酶切除。真核细胞分泌性蛋白质和跨膜蛋白前体的N-端信号肽在蛋白质成熟过程中被切除。有些情况下，C-端的氨基酸残基也需要被酶切除，使蛋白质呈现特定功能。有许多蛋白质需要通过水解切除部分肽段，生成具有活性的蛋白质或功能肽。

3. 氨基酸残基的化学修饰改变蛋白质的活性　常见的化学修饰有磷酸化、糖基化、羟基化、甲基化、乙酰化、硒化等。

4. 亚基聚合形成具有四级结构的活性蛋白质　由2条以上肽链构成蛋白质的各肽

链间通过非共价键或二硫键维持一定空间构象，有些需与辅基聚合才能形成具有活性的蛋白质。

（五）蛋白质生物合成的干扰和抑制

1. 许多抗生素通过抑制蛋白质生物合成发挥作用　见表12-3。

表12-3　常用抗生素抑制肽链合成的原理及应用

抗生素	作用位点	作用原理	应　用
伊短菌素	原核、真核核糖体小亚基	阻碍翻译起始复合物的形成	抗病毒药
四环素	原核核糖体小亚基	抑制氨酰 tRNA 与小亚基结合	抗菌药
链霉素、新霉素、巴龙霉素	原核核糖体小亚基	改变构象引起读码错误、抑制起始	抗菌药
氯霉素、林可霉素、红霉素	原核核糖体大亚基	抑制肽酰转移酶、阻断肽链延长	抗菌药
嘌呤霉素	原核、真核核糖体	使肽酰基转移到它的氨基上后肽链脱落	抗肿瘤药
放线菌酮	真核核糖体大亚基	抑制肽酰转移酶、阻断肽链延长	医学研究
夫西地酸、微球菌素	EF-G	抑制 EF-G、阻止转位	抗菌药
大观霉素	原核核糖体小亚基	阻止转位	抗菌药

2. 某些毒素抑制真核生物的蛋白质合成　见表12-4。

表12-4 毒素抑制蛋白质合成的原理

毒　素	作用机制	作用生物
白喉毒素	使真核生物延长因子eEF2发生ADP-核糖基化修饰而失活，抑制蛋白质合成	真核生物
蓖麻毒蛋白	作用于真核生物核蛋白体大亚基的28S rRNA，特异催化其中一个腺苷酸发生脱嘌呤基反应，使28S rRNA降解而致核糖体大亚基失活	真核生物

拓展练习及参考答案

✐ 拓展练习

【填空题】

1. 肽链合成的延长阶段包括（　　）、（　　）和（　　）三个步骤。

2. 肽酰转移酶催化生成的化学键是（　　），该酶还有（　　）的活性。

【判断题】

1. 在蛋白质生物合成中所有的氨酰tRNA都是首先进入核糖体的A位。

2. mRNA和蛋白质的合成都涉及多核苷酸模板。

【名词解释】

1. 氨基酸的活化

2. 核糖体结合位点

【选择题】

A型题

1. 下列氨基酸中，无相应遗传密码的是

A. 异亮氨酸　　　B. 天冬酰胺　　　C. 脯氨酸　　　D. 羟赖氨酸　　　E. 甘氨酸

2. 一个 tRNA 的反密码子为 5′UGC 3′，它可识别的密码是

A. 5′-GCA-3′　　B. 5′-ACG -3′　　C. 5′-GCU-3′　　D. 5′-GGC-3′　　E. 5′-AGC-3′

B 型题

（3、4题共用选项）

A. 链霉素　　　B. 氯霉素　　　C. 林可霉素　　　D. 嘌呤霉素　　　E. 白喉毒素

3. 对真核及原核生物的蛋白质合成都有抑制作用的是

4. 主要抑制哺乳动物蛋白质合成的是

X 型题

5. 能促进蛋白质多肽链折叠成天然构象的蛋白质有

A. 解螺旋酶　　　B. 拓扑酶　　　C. 热激蛋白70　　　D. 伴侣蛋白　　　E. 锌指蛋白

6. 下列哪些因子参与蛋白质翻译延长

A. IF　　　B. EF-G　　　C. EF-T　　　D. RF　　　E. EF-1

【问答题】

1. 遗传密码的特点是什么？

2. 试述原核生物和真核生物的翻译起始复合物的形成过程。

🖎 参考答案

【填空题】

1. 进位；成肽；转位

2. 肽键；酯酶

【判断题】

1. ×　起始氨酰 tRNA 进入核糖体 P 位，其他氨酰 tRNA 进入核糖体 A 位。

2. √

【名词解释】

1. 氨基酸的活化　氨基酸与 tRNA 结合形成氨酰 tRNA 的过程。

2. 核糖体结合位点　mRNA 的起始 AUG 上游约 10 个核苷酸处存在的一段通常为 -AGGAGG- 的序列，可被 16S rRNA 通过碱基互补而精确识别。

【选择题】

A 型题　1. D　2. A

B 型题　3. D　4. E

X 型题　5. CD　6. BC

【问答题】

1. 答案见知识点总结（一）1。

2. 答案见知识点总结（三）1。

第13周　基因表达调控

一、考研真题解析

1. （2012年A型题）基因表达的空间特异性是指

A. 基因表达按一定的时间顺序发生　　　B. 同一基因在不同细胞表达不同

C. 基因表达因环境不同而改变　　　　　D. 基因在所有细胞中持续表达

【答案与解析】　1. B。基因表达的空间特异性是指个体生长、发育全过程中，一种基因产物在个体的不同组织或器官表达。基因表达伴随时间或阶段顺序所表现出的空间分布差异，实际上是由细胞在器官的分布决定的，又称细胞或组织特异性。

2. （2012年A型题）常见的参与真核生物基因转录调控的DNA结构是

A. 终止子　　　　　B. 外显子　　　　　C. TATA盒　　　　　D. 操纵基因

【答案与解析】　2. C。真核生物TATA盒位于转录起始点上游25～30bp区城，控制转录起始的准确性及频率，是启动子的核心序列。

3. （2013年A型题）原核生物基因组的特点是

A. 核小体是其基本组成单位　　　　　B. 转录产物是多顺反子

C. 基因的不连续性　　　　　　　　　D. 线粒体DNA为环状结构

【答案与解析】　3. B。原核生物结构基因在基因组中以操纵子为单位排列，转录合成时仅产生一条mRNA长链，编码几个不同的蛋白质，转录产物是多顺反子。

4.（2014年A型题）下列蛋白质中，具有锌指模体结构的是

A．膜受体　　　　B．细胞转运蛋白　　C．酶　　　　　D．转录因子

【答案与解析】4．D。转录因子的DNA结合结构域主要包括锌指结构、碱性螺旋－环－螺旋模体和碱性亮氨酸拉链模体。锌指结构是一类含锌离子的模体。

5.（2015年A型题）原核生物乳糖操纵子受分解代谢物基因激活蛋白（CAP）调节，结合并活化CAP的分子是

A．阻遏蛋白　　　B．RNA聚合酶　　　C．cAMP　　　　D．cGMP

【答案与解析】5．C。分解（代谢）物基因激活蛋白（CAP）的分子内有DNA结合区及cAMP结合位点。没有葡萄糖时，cAMP浓度增高，cAMP与CAP结合，进而结合在乳糖（*lac*）启动子上游的CAP结合位点，刺激RNA聚合酶的转录活性提高。

6.（2015年X型题）能参与切割mRNA的生物分子包括

A．微RNA（miRNA）　　　　　　B．干扰小RNA（siRNA）

C．5.8S rRNA　　　　　　　　　　D．tRNA

【答案与解析】6．AB。干扰小RNA（siRNA）和微RNA（miRNA）都属于非编码小分子RNA，都由Dicer切割产生，长度约22个碱基，都与RNA诱导的沉默复合体（RISC）形成复合物，结合mRNA而引起基因沉默，其中siRNA使mRNA降解而阻断翻译，而miRNA使mRNA降解或抑制其翻译。

7.（2016年A型题）在乳糖操纵子中，分解代谢物基因激活蛋白结合的结构是

A．启动序列　　　　B．操纵序列　　　　C．编码序列　　　　D．CAP结合位点

【答案与解析】 7．D。参见考研真题解析第5题解析。

8．（2018年A型题）在生物个体中，几乎所有细胞都表达的基因是

A．管家基因　　　　B．阻遏基因　　　　C．可诱导基因　　　　D．突变基因

【答案与解析】 8．A。生物体的有些基因产物在整个生命过程中都是需要的或必不可少的，这类产物的编码基因在生物个体的几乎所有细胞中持续表达，这类基因称为管家基因。

9．（2018年X型题）参与基因转录调控的主要结构有

A．启动子　　　　B．衰减子　　　　C．增强子　　　　D．密码子

【答案与解析】 9．ABC。启动子是RNA聚合酶结合的部位，是决定基因表达效率的关键元件。增强子是真核生物中一种能够提高转录效率的顺式作用元件。衰减子是色氨酸操纵子中前导序列发挥了随色氨酸浓度升高而降低转录的作用的一段序列。

10．（2019年A型题）在乳糖操纵子模型中，cAMP-CAP结合的序列是

A．启动子　　　　B．启动子上游　　　　C．操纵序列　　　　D．A基因

【答案与解析】 10．B。参见考研真题解析第5题解析。

11．（2019年X型题）下列物质的基因受真核启动子调控的有

A．miRNA　　　　　　　　　　　　　　B．rRNA

C．tRNA　　　　　　　　　　　　　　D．DNA聚合酶（DNA pol）Ⅱ

【答案与解析】 11．ABC。真核生物有3类启动子。Ⅰ类启动子的基因主要是编码rRNA的基因。Ⅱ类启动子的基因主要是能转录出mRNA、miRNA等的基因。Ⅲ类启动

子的基因包括5S rRNA、tRNA和核小RNA（snRNA）等的编码基因。

12.（2020年A型题）在乳糖操纵子负性调节机制中，阻遏蛋白结合的结构是

A．启动子　　　　　B．操纵序列　　　　　C．CAP位点　　　　　D．Z基因

【答案与解析】　12．B。在乳糖操纵子中，阻遏蛋白与操纵序列结合，使操纵子受阻遏而处于关闭状态。

13.（2020年X型题）转录因子的DNA结合结构有

A．锌指结构　　　　　　　　　　B．螺旋－环－螺旋

C．富含脯氨酸结构域　　　　　　D．亮氨酸拉链

【答案与解析】　13．ABD。参见考研真题解析第4题解析。

14.（2021年A型题）下列能够调控真核生物转录的DNA元件是

A．增强子　　　　　B．操纵子　　　　　C．CAP结合位点　　　　D．阻遏蛋白基因

【答案与解析】　14．A。顺式作用元件是指可影响真核生物自身基因表达活性的DNA序列，包括启动子、上游调控元件、增强子、沉默子、绝缘子、加尾信号和一些细胞信号反应元件。

15.（2021年A型题）基因上游插入外源性沉默子后可能出现的结果是

A．编码的肽链缩短　　　　　　　　B．终止密码子提前

C．基因转录减慢　　　　　　　　　D．点突变可能性增加

【答案与解析】　15．C。沉默子是一类基因表达的负性调控元件，当其结合特异蛋白质因子时，对基因转录起阻遏作用，从而抑制基因的转录。

笔记

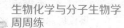

笔记

二、知识点总结

本周知识点考点频率统计见表13-1。

表13-1　基因表达调控考点频率统计表（2012—2022年）

年　份	基本概念与特点	原核基因表达调控				真核基因表达调控				
		操纵子	乳糖操纵子	色氨酸操纵子	翻译水平调控	特点	染色质结构	转录起始调控	转录后调控	翻译水平调控
2022										
2021								√√		
2020			√					√		
2019			√							√
2018	√							√		
2017										
2016			√							
2015			√							√
2014								√		
2013		√								
2012	√							√		

（一）基因表达调控的基本概念以及特点

1. **基因表达产生有功能的蛋白质和RNA** 基因表达是基因转录及翻译的过程，也是基因所携带的遗传信息表现为表型的过程，包括基因转录成互补的RNA序列，对于蛋白质编码基因，mRNA继而翻译成多肽链，并装配加工成最终的蛋白质产物。

2. **基因表达具有时间特异性和空间特异性** 按功能需要，某一特定基因的表达严格按照特定的时间顺序发生，这就是基因表达的时间特异性。多细胞生物基因表达的时间特异性又称阶段特异性。

在个体生长、发育过程中，一种基因产物在个体的不同组织或器官表达，即在个体的不同空间出现，这就是基因表达的空间特异性，又称细胞特异性或组织特异性。

3. **基因表达的方式存在多样性**

（1）有些基因几乎在所有细胞中持续表达：管家基因是指在一个生物个体的几乎所有细胞中持续表达的基因。管家基因的表达水平受环境因素影响较小，在生物体各个生长阶段的大多数或几乎全部组织中持续表达，或表达水平的变化很小，这类基因表达称为基本基因表达。基本基因表达只受启动子和RNA聚合酶等因素的影响。

（2）有些基因的表达受到环境变化的诱导和阻遏：特定环境信号刺激使相应基因被激活，基因表达产物增加，这种基因称为可诱导基因。可诱导基因在特定环境中表达增强的过程，称为诱导。

有些基因对环境信号应答时被抑制，这种基因称为可阻遏基因。可阻遏基因表达产物的水平降低的过程称为阻遏。

（3）生物体内不同基因的表达受到协调调节：在一定机制控制下，功能上相关的一

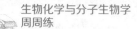

笔记

组基因，无论其为何种表达方式，均需协调一致、共同表达，即为协调表达。这种调节称为协调调节。

4. 基因表达受调控序列和调节分子共同调节　一般说来，调节序列与被调控的编码序列位于同一条DNA链上，称为顺式作用元件。

调节序列远离被调控的编码序列，只能通过其表达产物蛋白质分子来发挥作用，这些蛋白质分子称为反式作用因子。蛋白质-DNA及蛋白质－蛋白质的相互作用是基因表达调控的分子基础。

5. 基因表达调控呈现多层次和复杂性　这是因为基因表达调控体现在基因表达的全过程中，在RNA转录合成和蛋白质翻译两个阶段都有控制其表达的机制，具体如下。

（1）遗传信息以基因的形式贮存于DNA中，基因组DNA的部分扩增、DNA重排、DNA甲基化等均可影响基因表达。

（2）遗传信息的转录是基因表达调控最重要、最复杂的一个层次。转录水平，尤其是转录起始水平的调节，对基因表达至关重要。转录起始是基因表达的基本控制点。

（3）影响蛋白质合成的因素也能调节基因表达。

（二）原核基因表达调控

原核生物基因组是闭合环状DNA分子，在结构上有以下特点。①基因组中很少有重复序列。②编码蛋白质的结构基因为连续编码，且多为单拷贝基因，但编码rRNA的基因是多拷贝基因。③结构基因在原核基因组中所占的比例（约占50%）远远大于真核基因组。④许多结构基因在基因组中以操纵子为单位排列。

原核基因表达调控的特点如下。

1. 操纵子是原核基因转录调控的基本单位　操纵子由结构基因、调控序列和调节基因组成。

（1）结构基因：通常包括数个功能上相关联的基因，共用一个启动子和一个转录终止信号序列，转录合成时仅产生一条mRNA长链，编码几种不同的蛋白质。mRNA携带几种多肽链的编码信息，称为多顺反子。

（2）调控序列：包括启动子和操纵元件，具体如下。①启动子是RNA聚合酶结合的部位，是决定基因表达效率的关键元件。在转录起始点上游−10及−35区存在一些共有序列，在−10区是TATAAT，又称为普里布诺（Pribnow）盒，在−35区是TTGACA。共有序列决定启动序列的转录活性大小。②操纵元件是原核阻遏蛋白的结合位点。当操纵序列结合阻遏蛋白时会阻碍RNA聚合酶与启动序列的结合，阻遏转录。

（3）调节基因：编码与操纵序列结合的阻遏蛋白，阻遏蛋白能够识别、结合操纵元件，抑制基因转录。

（4）有些调控蛋白质也对原核基因转录调控起重要作用。特异因子决定RNA聚合酶对一个或一套启动序列的特异性识别和结合能力；激活蛋白可结合启动序列邻近的DNA序列，提高RNA聚合酶与启动序列的结合能力，增强RNA聚合酶的转录活性。

2. 乳糖操纵子是典型的诱导型调控

（1）乳糖操纵子的结构：乳糖（*lac*）操纵子含Z、Y及A三个结构基因，分别编码β-半乳糖苷酶、通透酶和乙酰基转移酶，还有一个操纵序列O、一个启动子P及一个调节基因I。I基因有独立的启动子，编码一种阻遏蛋白，与O序列结合，使操纵子受阻遏而处于关闭状态。启动子P上游还有一个CAP结合位点。由P序列、O序列和CAP结合位点共同构成lac操纵子的调控区，三个酶的编码基因由同一调控区调节，实现基因产物的协同表达。

（2）乳糖操纵子受阻遏蛋白和CAP的双重调节：①阻遏蛋白的负性调节。没有乳糖存在时，lac操纵子处于阻遏状态；I基因表达的阻遏蛋白与O序列结合，阻碍RNA聚合酶与P序列结合，抑制转录启动。有乳糖存在时，lac操纵子即可被诱导。乳糖转化为别乳糖，作为诱导剂结合阻遏蛋白，使蛋白质构象变化，导致阻遏蛋白与O序列解离而发生转录。②CAP的正性调节。缺乏葡萄糖时，cAMP浓度增高，cAMP与CAP结合，CAP结合在lac调控序列的CAP结合位点，刺激RNA聚合酶转录活性增高50倍；有葡萄糖存在时，cAMP浓度降低，cAMP与CAP结合受阻，lac操纵子表达下降。③调节lac阻遏蛋白负性调节与CAP正性调节两种机制协同合作。

3. 色氨酸操纵子通过阻遏作用和衰减作用抑制基因表达 色氨酸操纵子的转录衰减机制是基于转录与翻译的偶联。色氨酸操纵子的调控有两种模式：阻遏蛋白的负调控和转录衰减调控。

4. 原核基因表达在翻译水平受到精细调控

（1）蛋白质分子结合于启动序列或启动序列周围进行自我调节：调节蛋白结合mRNA靶位点，阻止核糖体识别翻译起始区，从而阻止翻译。调节蛋白一般作用于自身mRNA，抑制自身的合成，称为自我控制。

（2）翻译阻遏利用蛋白质与自身mRNA的结合实现对翻译起始的调控：编码区的起始点可与调节分子（蛋白质或RNA）直接或间接结合来决定翻译起始。调节蛋白可以结合到起始密码子上，阻断与核糖体的结合。

（3）反义RNA结合mRNA翻译起始部位的互补序列对翻译进行调节：细菌和病毒能够转录产生反义RNA，通过与mRNA杂交阻断30S小亚基对起始密码子的识别及与SD序列的结合，抑制翻译起始。

（4）mRNA密码子的编码频率影响翻译速度：基因中的密码子是常用密码子时，mRNA的翻译速度快，反之，mRNA的翻译速度慢。

（三）真核基因表达调控

1. 真核基因表达特点　真核生物基因表达调控具有以下特点：①真核基因组比原核基因组大得多。②基因组中约只有10%的序列编码蛋白质、rRNA、tRNA等，其余90%序列的功能至今还不清楚，可能参与调控。③真核生物编码蛋白质的基因是不连续的，转录后需要剪接去除内含子。④真核生物是一个结构基因转录生成一条mRNA，即mRNA是单顺反子。⑤真核生物DNA在细胞核内与多种蛋白质结合构成染色质。⑥真核生物的遗传信息存在于核DNA和线粒体DNA上。

2. 染色质结构与真核基因表达密切相关

（1）转录活化的染色质对脱氧核糖核酸酶极为敏感：当染色质活化后，常出现一些对脱氧核糖核酸酶高度敏感的位点，称为超敏位点。

（2）转录活化染色质的组蛋白发生改变：富含Lys的H1组蛋白含量减低；H2A-H2B组蛋白二聚体不稳定性增加；核心组蛋白H3、H4发生乙酰化、磷酸化及泛素化等修饰；使得核小体结构变得松弛而不稳定，易于基因转录。

（3）CpG岛甲基化水平降低：真核基因组中胞嘧啶可经DNA甲基转移酶修饰为5-甲

基胞嘧啶，且以序列CG中的胞嘧啶甲基化更常见。人们将GC含量可达60%，长度为300～3000bp的区段称作CpG岛。转录活跃状态的染色质中，CpG岛的甲基化程度降低。

3. 转录起始的调节

（1）顺式作用元件是转录起始的关键调节部位：顺式作用元件是指可影响自身基因表达活性的DNA序列，包括启动子、增强子、沉默子及绝缘子等。

启动子是DNA分子上能够介导RNA聚合酶结合并形成转录起始复合体的序列。一般位于转录起始位点上游约100～200bp的序列，常含有1个以上的功能组件。最具典型意义的是TATA盒。真核生物启动子分Ⅰ、Ⅱ、Ⅲ类。具有Ⅰ类启动子的基因主要是编码rRNA的基因。具有Ⅱ类启动子的基因主要是能转录出mRNA且编码蛋白质的基因和一些snRNA的基因。具有Ⅲ类启动子的基因包括5S rRNA、tRNA、U6 snRNA等RNA的编码基因。典型的Ⅱ类启动子由TATA盒或下游启动子元件和起始元件以及上游调控元件组成。

增强子是能够提高转录效率的顺式作用元件。增强子的功能及其作用特征如下。增强子与被调控基因位于同一条DNA链上；增强子是组织特异性转录因子的结合部位；增强子不仅能够在基因的上游或下游起作用，而且可以远距离实施调节作用；增强子作用与序列的方向性无关；增强子需要有启动子才能发挥作用。

沉默子是一类基因表达的负性调控元件，当其结合特异蛋白质因子时，对基因转录起阻遏作用。

绝缘子一般位于增强子或沉默子与启动子之间，与特异蛋白质因子结合后，阻碍增强子或沉默子对启动子的作用。

（2）转录因子是转录起始调控的关键分子：真核生物转录调控的基本方式是转录因子（也被称为反式作用蛋白或反式作用因子）对顺式作用元件的识别与结合，即通过DNA-蛋白质的相互作用实施调控。但并不是所有真核转录因子都起反式作用，也有些基因产物可特异识别、结合自身基因的调节序列，调节自身基因的开启或关闭，这就是顺式调节作用。

转录因子分为通用转录因子和特异转录因子两大类。

通用转录因子是RNA聚合酶介导基因转录时所必需的一类辅助蛋白质，帮助聚合酶与启动子结合并启动转录。

特异转录因子为个别基因转录所必需，决定该基因表达的时间、空间特异性。有的起转录激活作用，有的起转录抑制作用，前者称转录激活因子，后者称转录抑制因子。

转录因子至少包含两个不同的结构域：DNA结合结构域和转录激活结构域。很多转录因子还包括蛋白质－蛋白质相互作用结构域，最常见的是二聚化结构域。转录因子的DNA结合域包括锌指结构、碱性螺旋－环－螺旋、碱性亮氨酸拉链等。转录激活结构域有酸性激活结构域、富含谷氨酰胺结构域和富含脯氨酸结构域。

（3）转录起始复合物的组装是转录调控的主要方式：DNA元件与调节蛋白对转录激活的调节最终由RNA聚合酶活性体现，其中的关键环节是转录起始复合物的形成。真核生物有3种RNA聚合酶，分别负责催化生成不同的RNA分子。其中RNA聚合酶Ⅱ参与转录生成所有mRNA前体及大部分snRNA。

真核生物RNA聚合酶Ⅱ不能单独识别、结合启动子，先由通用转录因子（TF）

ⅡD识别、结合启动子，再同其他TFⅡ和RNA聚合酶Ⅱ经一系列有序结合形成一个功能性的转录前起始复合物。

4. 转录后调控主要影响真核mRNA的结构与功能

（1）mRNA的稳定性影响真核生物基因表达。5'-端的帽子结构可增加mRNA的稳定性。3'-端的多聚腺苷酸［poly（A）］尾结构防止mRNA降解。

（2）一些非编码小分子RNA可引起转录后基因沉默。小分子RNA可调节真核基因表达。除具有催化活性的RNA（核酶）、snRNA以及核仁小RNA（snoRNA）外，还有非编码RNA，如miRNA、Piwi相互作用RNA（piRNA）和siRNA。

（3）mRNA前体的选择性剪接可以调节真核生物基因表达。

5. 真核基因表达在翻译以及翻译后仍可受到调控

（1）对翻译起始因子活性的调节主要通过磷酸化修饰进行。eIF2的α-亚基的活性可因磷酸化而降低，导致蛋白质合成受到抑制。eIF4E及eIF4E结合蛋白的磷酸化激活翻译起始。

（2）RNA结合蛋白参与对翻译起始的调节。

（3）对翻译产物水平及活性的调节可以快速调控基因表达。

（4）小分子RNA对基因表达的调节十分复杂。siRNA和miRNA的共同特点：都由Dicer切割产生；长度约22bp；都与RISC形成复合物，与mRNA结合而引起基因沉默。但siRNA与靶mRNA完全互补，使mRNA降解而阻断翻译；而miRNA不需与靶mRNA完全互补，使mRNA降解或抑制其翻译。

（5）长非编码RNA在基因表达调控中的作用不容忽视。长非编码RNA（lncRNA）

是一类转录本长度超过200个核苷酸的RNA，不直接参与基因编码和蛋白质合成，但可在表观遗传水平、转录水平和转录后水平调控基因的表达。

拓展练习及参考答案

✍ 拓展练习

【填空题】

1. 基因表达具有（　　）和（　　）。

2. 转录因子至少包含两个不同的结构域：（　　）和（　　）。

【判断题】

1. 一个操纵子通常含有一个启动序列和数个编码基因。

2. 大多数处于活化状态的真核基因对DNA酶Ⅰ高度敏感。

【名词解释】

1. 操纵子

2. 顺式作用元件

【选择题】

A型题

1. 基因表达调控的基本控制点是

A. mRNA从细胞转运到细胞质　　B. 转录起始　　　　　　C. 转录后加工

D. 蛋白质翻译及翻译后加工　　　E. 基因激活

2. 基本基因表达的正确含义是

A. 在大多数细胞中持续表达　　　B. 受多种机制调节的基因表达　　C. 可诱导基因表达

D. 空间特异性基因表达　　　　　　E. 受环境变化影响大的一类基因表达

B型题

（3、4题共用选项）

A. TATA盒　　　B. GC盒　　　C. CAAT盒　　　D. CCAAT盒　　　E. Pribnow盒

3. TFⅡD的结合位点是

4. 转录因子Sp1的结合位点是

X型题

5. 下列选项中，属于顺式作用元件的有

A. 启动子　　　B. 增强子　　　C. 沉默子　　　D. 操纵子　　　E. 绝缘子

6. 共同参与构成乳糖操纵子的组分有

A. 三个结构基因　B. 一个操纵序列　C. 一个启动序列　D. 一个调节基因　E. 一个增强子

【问答题】

1. 试述乳糖操纵子的结构及其工作原理。

2. 试述真核基因表达调控的特点。

参考答案

【填空题】

1. 时间特异性；空间特异性

2. DNA结合结构域；转录激活结构域

【判断题】

1. √

2. √

【名词解释】

1. 操纵子　是原核基因转录调控的基本单位，通常由数个功能相关的结构基因，以及调控序列和调节基因组成。

2. 顺式作用元件　可影响自身基因表达活性的DNA序列。

【选择题】

A 型题　1．B　2．A

B 型题　3．A　4．B

X 型题　5．ABCE　6．ABCD

【问答题】

1. 答案见知识点总结（二）2。

2. 答案见知识点总结（三）1。

笔记

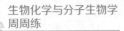

第14周　细胞信号转导的分子机制

一、考研真题解析

1. （2012年A型题）与七次跨膜结构受体偶联的蛋白质是

A. 蛋白激酶A

B. 低分子量（G蛋白）

C. 酪氨酸蛋白激酶

D. 异源三聚体结构的G蛋白

【答案与解析】 1. D。低分子量鸟苷酸结合蛋白（G蛋白）偶联受体（GPCR）为单体蛋白，氨基端位于细胞膜外表面，羧基端在胞膜内侧，其肽链反复跨膜七次，又称七次跨膜受体。膜外侧和膜内侧形成几个环状结构，分别负责接受外源信号的刺激和进行细胞内的信号传递，受体的细胞内部分可与三聚体G蛋白相互作用。

2. （2013年A型题）下列涉及G蛋白偶联受体信号的主要途径是

A. cAMP-PKA信号途径

B. 酪氨酸激酶受体信号途径

C. 雌激素-核受体信号途径

D. 丝/苏氨酸激酶受体信号途径

【答案与解析】 2. A。G蛋白偶联受体介导的信号传导途径为：激素→受体→G蛋白→效应分子［腺苷酸环化酶（AC）或磷脂酰肌醇特异性磷脂酶C（PLC）］→第二信使→蛋白激酶A（PKA）→靶分子→生物学效应。

3. （2014年A型题）在经典的信号转导途径中，受G蛋白激活直接影响的酶是

A．AC   B．PKC

C．JAK（蛋白酪氨酸激酶）   D．丝裂原激活的蛋白激酶（MAPK）

【答案与解析】　3．A。G蛋白偶联受体介导的主要信号转导通路如下G蛋白→AC→cAMP→PKA，G蛋白→PLC→甘油三酯（DAG）肌醇-1,4,5-三磷酸［（IP$_3$）→Ca^{2+}］→蛋白激酶C（PKC）。其中受G蛋白激活直接影响的酶是AC和PLC。蛋白质酪氨酸激酶（PTK）-Ras-MAPK途径和JAK-STAT途径属于单跨膜受体，与G蛋白无关。

4．（2014年X型题）参与受体型TPK-Ras-MAPK途径的分子有

A．EGF受体   B．Grb2   C．Ras蛋白   D．Raf蛋白

【答案与解析】　4．ABCD。受体型酪氨酸蛋白激酶（TPK）-Ras-MAPK途径（最新版教材称RAS／MAPK途经）的组成和转导过程为：细胞外信号［如表皮生长因子（EGF）］→TPK→含有SH2/SH3结构域的衔接蛋白（如Grb2）→鸟氨酸释放因子（如SOS）→Ras蛋白/Raf蛋白→MAPK链→生物学应答。

5．（2015年X型题）参与GPCR通路的分子有

A．G蛋白   B．cAMP   C．FAD   D．AC

【答案与解析】　5．ABD。GPCR为G蛋白偶联受体，参见考研真题解析第2题解析。

6．（2015年A型题）下列蛋白质中，属于低分子量G蛋白的是

A．异三聚体G蛋白   B．Grb2

C．MAPK   D．Ras

【答案与解析】　6．D。低分子量G蛋白（21kD）在多种细胞信号转导途径中具有

笔记

开关作用。Ras是第一个被发现的低分子量G蛋白。

7.（2016年X型题）参与G蛋白偶联受体介导信号转导通路的分子有

A．七次跨膜受体　　　　　　　　　　B．G蛋白

C．腺苷酸环化酶　　　　　　　　　　D．胞苷一磷酸（CMP）

【答案与解析】　7．ABC。参见考研真题解析第2题解析。

8.（2017年A型题）下列关于蛋白激酶的叙述，正确的是

A．底物可以是脂类物质　　　　　　　B．可使亮氨酸残基磷酸化

C．蛋白质磷酸化后活性改变　　　　　D．属于第二信使物质

【答案与解析】　8．C。蛋白激酶（PK）催化蛋白质的磷酸化修饰而升高或降低其活性，磷酸化后活性变化的方向取决于构象变化是否有利于反应的进行。可被PK磷酸化修饰的氨基酸残基包括丝氨酸/苏氨酸的羟基、酪氨酸的酚羟基、组氨酸的咪唑环、赖氨酸的胍基、精氨酸的ε-氨基、半胱氨酸的巯基、天冬氨酸和谷氨酸的酰基。

9.（2017年X型题）具有酪氨酸激酶活性的信号分子有

A．MAPK　　　　　　　　　　　　　B．G蛋白

C．Src蛋白激酶　　　　　　　　　　D．表皮生长因子受体

【答案与解析】　9．CD。PTK催化蛋白质中酪氨酸残基磷酸化。PTK可分为受体型和非受体型PTK。前者包括表皮生长因子受体、血小板来源生长因子受体等生长因子受体，后者的典型代表是Src蛋白激酶、JAK蛋白激酶等。

10.（2018年A型题）可作为信号转导第二信使的物质是

A．腺苷一磷酸　　　B．腺苷酸环化酶　　　C．甘油二酯　　　　D．生长因子

【答案与解析】　10．C。第二信使包括Ca^{2+}、cAMP、cGMP、环腺苷二磷酸核糖、甘油二酯、IP_3、花生四烯酸、神经酰胺、NO 和 CO 等。

11．（2019年A型题）参与糖原合成与分解的主要信号途径是

A．Raf-MEK-ERK　　　　　　　　　B．JAK-STAT

C．G蛋白-PLC-IP_3　　　　　　　　D．G蛋白-cAMP-PKA

【答案与解析】　11．D。G蛋白-cAMP-PKA通过调节关键酶的活性，调节不同的代谢途径，如激活糖原磷酸化酶b激酶、激素敏感脂肪酶、胆固醇酯酶，促进糖原、脂肪、胆固醇的分解；抑制乙酰辅酶A（CoA）羧化酶、糖原合酶，抑制脂肪合成和糖原合成。

12．（2020年A型题）下列属于酶偶联受体的配体是

A．乙酰胆碱　　　B．γ-干扰素　　　C．肾上腺素　　　D．甲状腺素

【答案与解析】　12．B。γ-干扰素属于酶偶联受体中的PTK结合型受体的配体。激活该类受体的配体是各种生长因子和细胞因子，如表皮生长因子、γ-干扰素、转化生长因子-β、肿瘤坏死因子等。

13．（2021年A型题）能与富含脯氨酸的蛋白质结合的分子结构是

A．SH2　　　　　　B．SH3　　　　　　C．PH　　　　　　D．PTB

【答案与解析】　13．B。见表14-1。

表14-1　蛋白质相互作用结构域及其识别模体举例

蛋白质相互作用结构域	存在分子种类	识别模体
SH2	蛋白激酶、磷酸酶、衔接蛋白	含磷酸化酪氨酸模体
SH3	衔接蛋白、磷脂酶、蛋白激酶等	富含脯氨酸模体
PH	蛋白激酶、细胞骨架调节分子等	磷脂衍生物
PTB	衔接蛋白、磷酸酶	含磷酸化酪氨酸模体

14.（2021年X型题）具有酶催化活性的受体有哪些

A．G蛋白偶联受体　　　　　　　　B．表皮生长因子受体

C．核受体　　　　　　　　　　　　D．转化生长因子受体

【答案与解析】　14．BD。酶偶联受体是指本身具有酶活性或与酶结合的一类膜受体，结合配体后发生二聚化而激活。分酪氨酸激酶受体和酪氨酸激酶结合型受体两类，前者自身具有激酶活性，如生长因子（表皮生长因子，转化生长因子等）受体，后者本身没有酶活性，但可结合非受体酪氨酸激酶，如细胞因子受体。

15.（2022年A型题）能与内质网 Ca^{2+} 库受体结合的第二信使是

A．DAG　　　　　　B．IP_3　　　　　　C．cAMP　　　　　　D．cCMP

【答案与解析】　15．B。Ca^{2+} 通道是 IP_3 的受体，结合 IP_3 后开放，促进细胞钙库内 Ca^{2+} 迅速释放，细胞中局部 Ca^{2+} 浓度迅速升高。

笔记

16．（2022年A型题）能激活蛋白激酶A的第二信使是

A．DAG B．IP₃ C．cAMP D．cCMP

【答案与解析】 16．C。cAMP的下游分子是PKA。PKA由2个催化亚基（C）和2个调节亚基（R）组成，cAMP特异性结合R亚基，使其变构，释放出具有催化活性的游离C亚基，从而激活PKA。

17．（2022年A型题）细胞内受体的性质是

A．转录因子 B．激素反应元件 C．酪氨酸激酶 D．表皮生长因子

【答案与解析】 17．A。细胞内受体多为转录因子，与相应配体结合后，能与DNA的顺式作用元件结合，在转录水平调节基因表达。

二、知识点总结

本周知识点考点频率统计见表14-2。

表14-2 细胞信号转导的分子机制考点频率统计表（2012—2022年）

| 年 份 | 细胞内信号转导分子 | | | 细胞受体介导的细胞内信号转导 | | | |
	第二信使	酶	蛋白质	细胞内受体	离子通道受体	G蛋白偶联受体	酶偶联受体
2022	√√			√			
2021			√				√

续　表

年　份	细胞内信号转导分子			细胞受体介导的细胞内信号转导			
	第二信使	酶	蛋白质	细胞内受体	离子通道受体	G蛋白偶联受体	酶偶联受体
2020							√
2019						√	
2018	√						
2017		√√					
2016						√	
2015			√			√	
2014		√					√
2013						√	
2012			√				

（一）细胞信号转导概述

细胞信号转导是通过多种分子相互作用的一系列有序反应，将来自细胞外的信息传递到细胞内各种效应分子的过程。细胞对来自外界的刺激或信号发生反应，并据以调节细胞代谢、增殖、分化、功能活动和凋亡的过程称为信号转导。

1. 细胞外化学信号有可溶性和膜结合性两种形式

（1）可溶性信号分子根据溶解特性，可分为脂溶性化学信号和水溶性化学信号。根据体内作用距离，可分为内分泌信号、旁分泌信号和神经递质。

（2）膜结合性信号分子需要细胞间接触才能传递信号。每个细胞的质膜外表面有众多的蛋白质、糖蛋白、蛋白聚糖分子。相邻细胞可通过膜表面分子的特异性识别和相互作用传递信号。

2. 细胞经由特异性受体接收细胞外信号　受体是细胞膜上或细胞内能识别生物活性分子并与之结合，进而引起生物学效应的特殊蛋白质，个别糖脂也具有受体作用。能够与受体特异性结合的分子称为配体。

（1）受体的分类：按照受体在细胞内的位置分为细胞内受体和细胞表面受体。细胞内受体包括位于细胞质或细胞核内的受体，其相应配体是脂溶性信号分子，如类固醇激素、甲状腺激素、视黄酸（又称维甲酸）和维生素D等。细胞表面受体位于靶细胞的细胞质膜表面，其配体是水溶性信号分子，如生长因子、细胞因子、水溶性激素分子、黏附分子等。

（2）受体的作用：一是识别外源信号分子并与之结合；二是转换配体信号，使之成为细胞内分子可识别的信号，并传递至其他分子引起细胞应答。

（3）受体与配体的相互作用具有共同的特点：高度专一性、高度亲和力、可饱和性、可逆性、特定的作用模式。

（二）细胞内信号转导分子

依据作用特点，信号转导分子主要有三大类：小分子第二信使、酶、调节蛋白。

1. 第二信使结合并激活下游信号转导分子　在细胞内传递信号的小分子或离子称第二信使，如Ca^{2+}、cAMP、cGMP、环腺苷二磷酸核糖、DAG、IP_3、花生四烯酸、神经酰胺、NO和CO等。

（1）环核苷酸：是重要的细胞内第二信使。环核苷酸类第二信使有cAMP和cGMP。cAMP和cGMP的上游分子分别是AC和鸟苷酸环化酶（GC），下游分子分别是PKA和PKG。细胞中存在多种水解环核苷酸的磷酸二酯酶（PDE），对cAMP和cGMP的水解具有相对特异性。

（2）脂质：也可衍生出细胞内第二信使。PLC可将磷脂酰肌醇-4,5-二磷酸（PIP_2）分解为第二信使DAG和IP_3。Ca^{2+}通道结合IP_3后开放，促进细胞钙库内Ca^{2+}迅速释放，细胞中局部Ca^{2+}浓度迅速升高。DAG和Ca^{2+}的靶分子之一是PKC。

（3）钙离子：可以激活信号转导相关的酶类。Ca^{2+}的下游信号转导分子是钙调蛋白（CaM）。CaM可结合Ca^{2+}，形成Ca^{2+}/CaM复合物，调节钙调蛋白依赖性蛋白激酶的活性。Ca^{2+}还结合PKC、AC和cAMP-PDE等，通过别构效应激活这些分子。

（4）NO等小分子：也具有第二信使功能，NO可通过激活GC、ADP-核糖转移酶和环氧化酶等传递信号。

2. 多种酶通过酶促反应传递信号　作为信号转导分子的酶主要有两大类。一是催化小分子信使生成和转化的酶，如AC、GC、PLC、PLD等；二是蛋白激酶，主要是PTK和蛋白质丝氨酸/苏氨酸激酶。

3. 信号转导蛋白可通过蛋白质相互作用传递信号　信号转导途径中的信号转导分子主要包括G蛋白、衔接蛋白和支架蛋白。

（1）G蛋白的GTP/GDP结合状态决定信号的传递：G蛋白在结合GTP时为活化形式，与下游分子结合而激活下游分子。G蛋白具有GTP酶活性，水解GTP为GDP后回到非活化状态。

三聚体G蛋白以αβγ三聚体的形式存在。α亚基具有多个功能位点，且有GTP酶活性；β和γ亚基形成紧密的二聚体，与α亚基形成复合体并定位于质膜内侧。三聚体G蛋白由G蛋白偶联受体激活，进而激活下游信号转导分子，调节细胞功能。

低分子量G蛋白是多种细胞信号转导途径中的转导分子，Ras是第一个被发现的低分子量G蛋白。

（2）衔接蛋白和支架蛋白连接信号转导网络：蛋白质相互作用结构域介导信号转导途径中蛋白质的相互作用；衔接蛋白连接信号转导分子；支架蛋白保证特异和高效的信号转导。

（三）细胞受体介导的细胞内信号转导

细胞内受体归为一类。膜表面受体分为三类：离子通道受体、G-蛋白偶联受体和酶偶联受体。

1. 细胞内受体通过分子迁移传递信号　细胞内受体多为转录因子。与相应配体结合后，能与DNA的顺式作用元件结合，在转录水平调节基因表达。

2. 离子通道受体将化学信号转变为电信号　离子通道受体是一类自身为离子通道的受体，其配体主要为神经递质。其作用是导致细胞膜电位改变，引起的细胞应答是去极化与超极化。

3. G蛋白偶联受体通过G蛋白和小分子信使介导信号转导　G蛋白偶联受体为单体蛋白，氨基端位于细胞膜外表面，羧基端在胞膜内侧，其肽链反复跨膜七次，又称七次跨膜受体。膜外侧和膜内侧形成几个环状结构，分别负责接受外源信号的刺激和

笔记

进行细胞内的信号传递，受体的细胞内部分可与三聚体G蛋白相互作用。这类受体介导的信号转导途径为：配体结合并激活受体→激活G蛋白→激活下游效应分子（如AC、PLC等）→产生第二信使（如cAMP、DAG和IP$_3$）→第二信使浓度或分布改变→作用于靶分子（主要是PKA）→产生生物学效应。不同G蛋白偶联受体可通过不同途径传递信号。

（1）cAMP-PKA途径：胰高血糖素、肾上腺素、ACTH等可激活此途径。该途径以靶细胞内cAMP浓度改变和PKA激活为主要特征。该途径可对以下几个方面进行调节。①代谢：PKA通过调节关键酶的活性，对不同代谢途径发挥调节作用。②基因表达：PKA可修饰激活转录调控因子，调控基因转录。③细胞极性：PKA可通过磷酸化作用激活离子通道，调节细胞膜电位。

（2）IP$_3$/DAG-PKC途径：促甲状腺素释放激素、去甲肾上腺素、抗利尿激素与受体结合后所激活的G蛋白可激活PLC。PLC水解PIP$_2$，生成DAG和IP$_3$。IP$_3$促进细胞钙库内Ca^{2+}迅速释放，使细胞质中Ca^{2+}浓度升高。Ca^{2+}与细胞质的PKC结合并聚集至质膜。质膜上的DAG、磷脂酰丝氨酸与Ca^{2+}共同作用于PKC的调节结构域，使PKC变构激活，PKC可以参与多种生理功能的调节。

（3）Ca^{2+}/钙调蛋白依赖的蛋白激酶途径：细胞质中的Ca^{2+}浓度升高后，与CaM结合所形成的Ca^{2+}/CaM复合物可激活钙调蛋白依赖性蛋白激酶，再激活各种效应蛋白，在收缩运动、物质代谢、神经递质的合成、细胞分泌和分裂等多种生理过程中起作用。

4. 酶偶联受体主要通过蛋白质修饰或相互作用传递信号　酶偶联受体主要是生长因子和细胞因子受体，其介导的信号转导主要是调节蛋白质的功能和表达水平，调节细胞增殖和分化。

常见的蛋白激酶偶联受体介导的信号转导途径有 Ras/MAPK 途径、JAK-STAT 途径、Smad 途径、PI-3K 途径、NF-kB 途径等。

Ras/MAPK 途径转导生长因子的信号，其基本过程如下：细胞外信号（如 EGF）→受体型 TPK→含有 SH2/SH3 结构域的接头蛋白 Grb2→SOS→Ras 蛋白/Raf 蛋白→MAPK 链→生物学应答。

（四）信息转导异常与疾病

1. 信号转导异常可发生在两个层次

（1）受体异常激活和失能：①受体异常激活。基因突变可导致异常受体的产生，不依赖外源信号的存在而激活细胞内的信号途径。外源信号异常也可导致受体的异常激活。②受体异常失能。受体数量、结构或调节功能发生异常变化时，可导致受体异常失能。

（2）信号转导分子的异常激活和失活：信号转导分子功能异常激活，可持续向下游传递信号；信号转导分子异常失活，导致信号传递中断。

2. 信号转导异常可导致疾病的发生

（1）信号转导异常导致细胞获得异常功能或表型：细胞获得异常的增殖能力；细胞的分泌功能异常；细胞膜通透性改变。

（2）信号转导异常导致细胞正常功能缺失：失去正常的分泌功能；失去正常的反应性；失去正常的生理调节能力。

3. 细胞信号转导分子是重要的药物作用靶位　信号转导分子的激动药和抑制药是

笔记

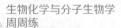

信号转导药物研究的出发点，尤其是各种蛋白激酶的抑制药更是被广泛用作母体药物进行抗肿瘤新药的研发。

拓展练习及参考答案

✍ 拓展练习

【填空题】

1. G蛋白由（　　）、（　　）和（　　）三个亚基组成。

2. 细胞内环核苷酸类第二信使有（　　）和（　　）。

【判断题】

1. 腺苷酸环化酶是膜结合的糖蛋白。

2. 位于细胞内的受体多为转录因子。

【名词解释】

1. 信号转导

2. 受体

【选择题】

A 型题

1. 激活后会直接引起 cAMP 浓度降低的酶是

A. 蛋白激酶 A　　　B. 蛋白激酶 C　　　C. 磷酸二酯酶　　　D. 磷脂酶 C　　　E. 蛋白激酶 G

2. 下列关于 Ras 蛋白特点的叙述，正确的是

A. 具有 GTP 酶活性　　　　　　　　　B. 能使蛋白质酪氨酸磷酸化

C. 具有 7 个跨膜螺旋结构　　　　　　　D. 属于蛋白质丝氨酸/苏氨酸激酶

E．Ras结合GDP时为其活性形式

B型题

（3、4题共用选项）

A．胰高血糖素　　　B．胰岛素　　　　C．甲状腺激素　　　D．肾上腺素　　　E．促性腺激素

3．抑制腺苷酸环化酶，激活磷酸二酯酶的激素是

4．可透过细胞膜并与细胞内受体相结合的激素是

X型题

5．与细胞生长、增殖和分化有关的信号转导途径主要有

A．cAMP-蛋白激酶A途径　　　　　B．cGMP-蛋白激酶C途径　　　　　C．PI-3K途径

D．受体型TPK-Ras-MAPK途径　　　E．JAK-STAT途径

6．细胞内信息传递系统中，能作为第二信使的有

A．cGMP　　　　　B．AMP　　　　　C．DAG　　　　　D．TPK　　　　　E．Ca^{2+}

【问答题】

1．何谓第二信使？第二信使主要有哪些？

2．试述cAMP-PKA信号转导途径。

参考答案

【填空题】

1．α；β；γ

2．cAMP；cGMP

【判断题】

1．√

2. √

【名词解释】

1. 细胞信号转导　通过多种分子相互作用的一系列有序反应，将来自细胞外的信息传递到细胞内各种效应分子的过程。

2. 受体　细胞膜上或细胞内能识别生物活性分子并与之结合，进而引起生物学效应的特殊蛋白质，个别糖脂也具有受体作用。

【选择题】

A型题　1. C　2. A

B型题　3. B　4. C

X型题　5. CDE　6. ACE

【问答题】

1. 答案见知识点总结（二）1。

2. 答案见知识点总结（三）3。

第四篇

医学生化与分子生物学专题

第15周　血液和肝的生物化学、维生素

一、考研真题解析

1.（2012年X型题）成熟红细胞糖酵解的生物学意义有

A. 是红细胞获得能量的唯一途径

B. 代替磷酸戊糖途径提供NADPH

C. 为三羧酸循环提供更多的产能物质

D. 糖酵解旁路产物可调节血红蛋白运氧功能

【答案与解析】 1. AD。由于成熟红细胞没有线粒体，不能进行有氧氧化，所以糖酵解是成熟红细胞获得能量的唯一途径。此外，红细胞中存在2,3-二磷酸甘油酸旁路，其主要功能是调节血红蛋白的运氧功能。

2.（2012年X型题）下列关于维生素D的叙述，正确的有

A. 调节体内钙、磷代谢　　　　　　B. 代谢产物可与核受体结合

C．作为辅酶参与糖有氧氧化 　　　　D．构成视觉细胞内的感光物质

【答案与解析】　2．AB。维生素D是类固醇的衍生物，其活性形式为1,25-二羟维生素D_3可作为激素经血液运输至靶细胞发挥钙、磷调节作用。1,25-二羟维生素D_3可促进小肠对钙、磷的吸收，影响骨组织的钙代谢，从而维持血钙和血磷的正常水平。1,25-二羟维生素D_3可与靶细胞内特异的核受体结合，进入细胞核，调节相关基因的表达。

3．（2013年X型题）下列关于维生素A的叙述，正确的有

A．有效的抗氧化剂 　　　　　　　　B．化学本质是类固醇

C．代谢产物可与核受体结合 　　　　D．缺乏后对弱光的敏感性降低

【答案与解析】　3．ACD。维生素A具有抗氧化作用；维生素A的代谢产物可与核受体结合，调节细胞的生长；维生素A严重缺乏后会使患者对弱光的敏感性降低，导致"夜盲症"。

（4、5题共用选项）（2013年B型题）

A．白蛋白 　　　　B．α球蛋白 　　　　C．β球蛋白 　　　　D．γ球蛋白

4．主要在肝外组织合成的蛋白质是

5．能够运输脂肪酸的蛋白质是

【答案与解析】　4．D。除γ球蛋白外，绝大多数血浆蛋白在肝脏合成。5．A。血浆白蛋白，即清蛋白可以与脂肪酸等多种物质结合并运输。

6．（2013年X型题）未结合胆红素同义名称还有

A．直接胆红素 　　　B．间接胆红素 　　　C．游离胆红素 　　　D．肝胆红素

【答案与解析】6．BC。未结合胆红素又称血胆红素、游离胆红素、间接胆红素。

7．（2014年A型题）下列血浆蛋白中，主要维持血浆胶体渗透压的是

A．白蛋白　　　　　B．α球蛋白　　　　　C．β球蛋白　　　　　D．γ球蛋白

【答案与解析】7．A。正常人血浆胶体渗透压的大小取决于血浆蛋白质的摩尔浓度。由于白蛋白在血浆内的总含量大，摩尔浓度高，故白蛋白能最有效地维持胶体渗透压。

8．（2014年X型题）胆囊中胆汁浓缩后胆固醇沉淀析出形成胆结石，其原因有

A．肝合成胆汁酸的能力降低　　　　　B．消化道丢失胆汁酸过多

C．胆汁酸肠肝循环减少　　　　　D．排入胆汁中的胆固醇过多

【答案与解析】8．ABCD。人体内的胆固醇可随胆汁经肠道排出体外，由于胆固醇难溶于水，在浓缩后的胆囊胆汁中胆固醇较易沉淀析出。胆汁中的胆汁酸盐与卵磷脂协同作用，使胆固醇不易结晶沉淀而随胆汁排泄。如果肝合成胆汁酸的能力下降，消化道丢失胆汁酸过多，或胆汁酸肠肝循环减少，以及排入胆汁中的胆固醇过多等原因均可造成胆汁中胆汁酸和卵磷脂与胆固醇的比值下降，易发生胆固醇析出沉淀，形成胆结石。

9．（2015年X型题）下列符合红细胞物质代谢特点的有

A．葡萄糖可经2,3-二磷酸甘油酸旁路代谢

B．葡萄糖可经磷酸戊糖途径代谢

C．可进行脂肪酸β-氧化

D．可从头合成脂肪酸

【答案与解析】 9．AB。红细胞中2,3-二磷酸甘油酸旁路主要功能是调节血红蛋白的运氧；葡萄糖在红细胞中经磷酸戊糖途径产生 NADPH＋H^+，可对抗氧化剂，保护细胞膜蛋白、血红蛋白和酶蛋白的巯基等不被氧化。成熟红细胞没有线粒体，不能利用脂肪酸和其他非糖物质作为能源。成熟红细胞不能从头合成脂肪酸，需要通过主动参入和被动交换不断地与血浆进行脂质交换。

10．（2015年X型题）人体内的胆色素包括

A．胆绿素　　　　B．胆红素　　　　　C．胆素原　　　　D．胆素

【答案与解析】 10．ABCD。胆色素是体内铁卟啉类化合物的主要分解代谢产物，包括胆绿素、胆红素、胆素原和胆素。其中胆红素居于胆色素代谢的中心，是人体胆汁中的主要色素。

11．（2015年A型题）下列维生素中，其衍生物参与形成丙酮酸脱氢酶复合体的是

A．磷酸吡哆醛　　B．生物素　　　　　C．叶酸　　　　　D．泛酸

【答案与解析】 11．D。丙酮酸脱氢酶复合体的辅酶有焦磷酸硫胺素（TPP）、硫辛酸、黄素嘌呤二核苷酸（FAD）、烟酰胺腺嘌呤二核苷酸（NAD^+）及辅酶A（CoA）。其中CoA属于泛酸。

12．（2016年A型题）下列辅酶中，不参与递氢的是

A．NAD^+　　　　　　　　　　　　B．FAD

C．四氢叶酸（FH_4）　　　　　　　D．辅酶Q（CoQ）

【答案与解析】 12．C。FH_4是体内一碳单位转移酶的辅酶，不参与递氢。NAD^+、FAD和CoQ参与氧化呼吸链，即递氢传递电子。

13．（2016年A型题）构成脱氢酶辅酶的维生素是

A．维生素A   B．维生素K   C．维生素PP   D．维生素B_{12}

【答案与解析】 13．C。维生素PP包括烟酸和烟酰胺，NAD^+和烟酰胺腺嘌呤二核苷酸磷酸（$NADP^+$）是其活性形式，是多种不需氧脱氢酶的辅酶。

14．（2016年X型题）血浆蛋白质的功能有

A．维持血浆正常pH   B．维持血浆胶体渗透压

C．免疫作用   D．运输作用

【答案与解析】 14．ABCD。血浆蛋白质的功能：维持血浆胶体渗透压、维持血浆正常的pH、运输作用、免疫作用、催化作用、营养作用、凝血、抗凝血和纤维蛋白溶解作用等。

15．（2017年A型题）能够调节血红蛋白运氧功能的物质是

A．三羧酸循环产物   B．2,3-二磷酸甘油酸旁路产物

C．磷酸戊糖途径产物   D．丙酮酸脱氢酶复合体催化产物

【答案与解析】 15．B。参见考研真题解析第1题解析。

16．（2018年X型题）肝生物转化的作用有

A．使多数非营养物质活性降低   B．使某些激素灭活

C．使多数非营养物质的水溶性降低   D．对毒物既可解毒也可加大毒性

【答案与解析】 16．AB。肝生物转化作用可以对体内的大部分非营养物质进行代谢转化，使其生物学活性降低，水溶性和极性增加，从而易于随胆汁或尿排出体外。

17．（2019年A型题）肝细胞中氧化非营养物质的主要酶是

A．葡糖醛酸转移酶 　　　　　　　 B．羟化酶

C．谷胱甘肽过氧化物酶 　　　　　　 D．细胞色素氧化酶

【答案与解析】 17．B。肝细胞中存在多种氧化酶系，最重要的是定位于肝细胞微粒体的细胞色素P450单加氧酶系，该酶又称羟化酶或混合功能氧化酶。

18．（2019年X型题）增加尿胆原排泄的因素有

A．酸性尿液 　　　　　　　　　　 B．胆红素生成增加

C．肝功能损伤 　　　　　　　　　　 D．胆道梗阻

【答案与解析】 18．BC。尿液的pH值酸性时，尿胆素原可形成脂溶性分子，易被肾小管吸收，从尿液中排出量减少。胆红素生成增加时，尿胆素原的量也随之增加。肝功能损伤时，经肠肝循环入肝的胆素原可经损伤的肝细胞进入体循环并从尿中排出，使尿胆素原升高。胆道梗阻时随尿液排出尿胆素原的量减少。

19．（2020年A型题）下列可作为辅酶转移氢原子的化合物是

A．TPP 　　　　　　　　　　　　 B．FAD

C．FH_4 　　　　　　　　　　　　 D．泛酸（CoASH）

【答案与解析】 19．B。维生素B_2化学本质是核黄素，活性形式为FAD和黄素单核苷酸（FMN），主要作用是作为辅酶传递氢原子。

笔记

20．（2020年X型题）下列胆汁酸中，属于初级胆汁酸的有

A．胆酸
B．牛磺胆酸
C．鹅脱氧胆酸
D．甘氨鹅脱氧胆酸

【答案与解析】 20．ABCD。胆汁酸中属于初级胆汁酸的有胆酸、鹅脱氧胆酸、牛磺胆酸、牛磺鹅脱氧胆酸、甘氨胆酸和甘氨鹅脱氧胆酸。

21．（2021年X型题）血浆蛋白的特性有

A．大多数在肝脏合成
B．大多数是糖蛋白
C．均为分泌型蛋白
D．均为球蛋白

【答案与解析】 21．ABC。绝大多数血浆蛋白质在肝合成；除白蛋白外，几乎所有血浆蛋白均为糖蛋白；血浆蛋白在进入血浆之前，在肝细胞内经历了从粗面内质网到高尔基复合体再抵达质膜而分泌入血的途径，均为分泌型蛋白。血浆蛋白主要包括白蛋白、球蛋白、纤维蛋白原。

22．（2021年X型题）能够催化生成胆红素的物质是

A．血红蛋白
B．肌红蛋白
C．细胞色素
D．过氧化物酶

【答案与解析】 22．ABCD。胆色素是体内铁卟啉类化合物的主要分解代谢产物，包括胆绿素、胆红素、胆素原和胆素。体内铁卟啉类化合物包括血红蛋白、肌红蛋白、细胞色素、过氧化氢酶和过氧化物酶等。

23．（2022年X型题）体内含有铁卟啉并可以生成胆红素的物质有

A．血红蛋白
B．肌红蛋白
C．过氧化氢酶
D．过氧化物酶

【答案与解析】 23．ABCD。参见考研真题解析第22题解析。

24．（2022年A型题）以磷酸吡哆醛为辅酶参与血红素合成的酶是

A．ALA脱水酶　　　B．ALA合酶　　　C．亚铁螯合酶　　　D．胆色素还原酶

【答案与解析】 24．B。δ-氨基-γ-酮戊酸（ALA）合酶是血红素合成的限速酶，其辅酶是磷酸吡哆醛。

25．（2022年A型题）维生素B_{12}直接参与的反应是

A．N^5-甲基四氢叶酸转甲基　　　　　　B．色氨酸生成一碳单位

C．不同形式的一碳单位互相转变　　　　D．二氢叶酸变成四氢叶酸

【答案与解析】 25．A。维生素B_{12}构成N^5-甲基四氢叶酸转甲基酶的辅酶。

26．（2022年X型题）已知可以调节基因转录的维生素或其代谢产物有

A．维生素A　　　　B．维生素D　　　　C．维生素E　　　　D．维生素K

【答案与解析】 26．ABCD。脂溶性维生素可以通过细胞膜，不论其受体是在细胞质中还是细胞核中，最终与受体结合形成的复合物可结合在靶基因邻近的激素反应元件上，发挥调节基因转录功能。

二、知识点总结

本周知识点考点频率统计见表15-1。

笔记

表 15-1　血液和肝的生物化学、维生素考点频率统计表（2012—2022 年）

年份	血浆蛋白质		血红素合成	血细胞物质代谢	肝与物质代谢	肝的生物转化	胆汁酸代谢		胆色素的代谢与黄疸		维生素	
	分类	功能		红细胞		反应类型	分类	生理作用	原料	代谢	脂溶性	水溶性
2022			√						√		√	√
2021	√								√			
2020							√					√
2019						√					√	
2018						√						
2017				√								
2016		√										√√
2015				√							√	
2014		√							√			
2013	√	√									√	√
2012				√								√

（一）血浆蛋白质

1. 血浆蛋白质的分类与性质

（1）血浆蛋白质的分类：按照功能可分为如下八类。凝血系统蛋白质、纤溶系统蛋白质、补体系统蛋白质、免疫球蛋白、脂蛋白、血浆蛋白酶抑制剂、载体蛋白、未知功能的血浆蛋白质。

（2）血浆蛋白质的性质：绝大多数血浆蛋白在肝合成，但γ球蛋白是由浆细胞合成；除白蛋白外，几乎所有的血浆蛋白均为糖蛋白；许多血浆蛋白呈现多态性；在循环过程中，每种血浆蛋白均有自己特异的半衰期；在急性炎症或某种类型组织损伤等情况下，某些血浆蛋白的水平会改变，它们被称为急性时相蛋白质。

2. 血浆蛋白质的功能　维持血浆胶体渗透压、维持血浆正常的pH，运输作用，免疫作用，催化作用，营养作用，凝血、抗凝血和纤维蛋白溶解作用，血浆蛋白质异常与临床疾病。

（二）血红素合成

参与血红蛋白组成的血红素主要在骨髓的幼红细胞和网织红细胞中合成，合成的起始和终末阶段均在线粒体内进行，而中间阶段在细胞质基质内进行。合成原料包括甘氨酸、琥珀酰CoA、Fe^{2+}。

1. ALA的合成　在线粒体内，由琥珀酰CoA与甘氨酸缩合生成ALA。催化此反应的酶是ALA合酶，其辅酶是磷酸吡哆醛，是血红素合成的关键酶。ALA生成后从线粒体进入细胞质。

2. 胆色素原的生成　在ALA脱水酶催化下，2分子ALA脱水缩合生成1分子胆色素原。ALA脱水酶含有巯基，对铅等重金属离子的抑制作用十分敏感。

3. 尿卟啉原与粪卟啉原的生成　4分子胆色素原在细胞质中经线状四吡咯、尿卟啉原Ⅲ转变成粪卟啉原Ⅲ，粪卟啉原Ⅲ再进入线粒体。

4. **血红素的生成**　粪卟啉原Ⅲ在线粒体中经原卟啉原Ⅸ生成原卟啉Ⅸ，原卟啉Ⅸ与Fe^{2+}在亚铁螯合酶作用下生成血红素。铅等重金属离子对亚铁螯合酶有抑制作用。

（三）成熟红细胞物质代谢特点

1. **糖酵解**　糖酵解是红细胞获得能量的唯一途径，糖酵解获得的ATP用途如下。

（1）维持红细胞膜上钠泵（Na^+-K^+-ATPase）的正常运转。

（2）维持红细胞膜上钙泵（Ca^{2+}-ATPase）的正常运转。

（3）维持红细胞膜上脂质与血浆脂蛋白中的脂质进行交换。

（4）少量ATP用于谷胱甘肽、NAD^+／$NADP^+$的生物合成。

（5）ATP用于葡萄糖的活化，启动糖酵解过程。

2. **红细胞的糖酵解存在2,3-二磷酸甘油酸（2,3-BPG）旁路**

（1）由于2,3-BPG生成大于分解，造成红细胞内2,3-BPG浓度升高。

（2）红细胞内2,3-BPG虽然也能供能，但主要功能是调节血红蛋白的运氧功能。

（3）2,3-BPG是调节血红蛋白运氧的重要因素，可降低Hb与氧的亲和力。

3. **磷酸戊糖途径提供NADPH维持红细胞的完整性**　NADPH能够对抗氧化剂，保护细胞膜蛋白、血红蛋白和酶蛋白的巯基等不被氧化，从而维持红细胞的正常功能。

4. **红细胞不能合成脂肪酸**　成熟红细胞不能从头合成脂肪酸，需要通过主动参入和被动交换不断地与血浆进行脂质交换，维持其正常的脂类组成、结构和功能。

（四）肝在物质代谢中的主要作用

1. 肝是维持血糖相对稳定的重要器官

（1）肝内几乎能进行所有糖代谢途径。

（2）不同营养状态下肝内糖代谢方式有不同。

2. 肝在脂类代谢中占据中心地位　肝在脂类的消化、吸收、合成、分解与运输均具有重要作用。

3. 蛋白质代谢　肝的蛋白质合成及分解代谢均非常活跃。

4. 维生素和辅酶代谢　肝参与多种维生素和辅酶的代谢。

5. 激素代谢　肝参与多种激素的灭活有关。

（五）肝生物转化的类型和意义

1. 肝生物转化的类型　可分为两相反应。第一相反应包括氧化、还原、水解反应；第二相反应主要是结合反应。

（1）氧化反应：是最多见的第一相反应。①单加氧酶系。是氧化异源物最重要的酶，存在于微粒体，能直接激活氧分子，使其中一个氧原子直接加入底物分子中形成羟化物或环氧化物，另一个氧原子则被NADPH还原为水，故又称为羟化酶或混合功能氧化酶。②单胺氧化酶类。③醇脱氢酶与醛脱氢酶。能将乙醇最终氧化成乙酸。

（2）还原反应：硝基还原酶和偶氮还原酶是第一相反应的主要还原酶。硝基化合物多见于食品防腐剂、工业试剂等。偶氮化合物常见于食品色素、化妆品、纺织与印刷工业等，有些可能是前致癌物。这些化合物可分别在肝微粒体硝基还原酶和偶氮还原酶的催化下，以NADH或NADPH为供氢载体，还原生成相应的胺类，从而失去其致癌作用。

（3）水解反应：酯酶、酰胺酶和糖苷酶是生物转化的主要水解酶。它们存在于肝细胞微粒体和细胞质中，可分别催化脂质、酰胺类及糖苷类化合物中酯键、酰胺键和糖苷键的水解反应，以减低或消除其生物活性。

（4）结合反应：是生物转化第二相反应，能够与葡糖醛酸、硫酸、乙酰基、谷胱甘肽、甲基、甘氨酸等物质或基团发生结合反应。①与葡糖醛酸结合是最重要和最普遍的结合反应，葡糖醛酸基的直接供体为尿苷二磷酸葡糖醛酸（UDPGA），催化此反应的酶是葡糖醛酸基转移酶（UGT）。②与硫酸结合也是常见的结合反应，硫酸供体为3′-磷酸腺苷-5′-磷酰硫酸（PAPS），催化酶是硫酸转移酶。③与其他物质或基团结合。

2. **生物转化的意义**　对待转化的物质进行代谢处理，使其灭活或毒性消除；更为重要的是可使这些物质的水溶性和极性增加，易于从尿或胆汁排出体外。但肝生物转化作用不等同于解毒作用。

（六）胆汁酸的合成原料、代谢产物及胆汁酸的肠肝循环

1. **初级胆汁酸**　是指在肝细胞以胆固醇为原料直接合成的胆汁酸，包括胆酸、鹅脱氧胆酸，以及两者分别与甘氨酸或牛磺酸的结合产物。

2. **次级胆汁酸**　在肠菌作用下，第7位α羟基脱氧生成的胆汁酸称为次级胆汁酸，主要包括脱氧胆酸和石胆酸，以及两者在肝中分别与甘氨酸或牛磺酸的结合产物。

3. **胆汁酸肠肝循环**　胆汁酸随胆汁排入肠腔后，约95%可经门静脉重吸收入肝，在肝内转变为结合胆汁酸，而后经胆道再次排入肠腔的过程，称胆汁酸的肠肝循环。其生理意义如下。

（1）使有限的胆汁酸循环利用，以满足机体对胆汁酸的生理需求。

（2）促进脂类的消化与吸收。

（3）维持胆汁中胆固醇的溶解状态以抑制胆固醇析出。胆汁中胆汁酸、卵磷脂与胆固醇的正常比值 $\geqslant 10:1$，如果比例下降，易发生胆固醇析出沉淀，形成胆结石。

（七）胆色素的代谢、黄疸产生的生化基础及临床意义

胆色素是铁卟啉类化合物的主要分解代谢产物，包括胆红素、胆绿素、胆素原和胆素等，胆红素处于胆色素代谢的中心。

1. 胆红素合成原料 胆红素是铁卟啉化合物的降解产物，包括血红蛋白、肌红蛋白、细胞色素、过氧化氢酶、过氧化物酶等，约80%胆红素来自衰老红细胞中血红素的降解。

2. 胆色素的代谢

（1）胆红素的生成：在肝、脾、骨髓等单核吞噬细胞微粒体与细胞质中，由血红素加氧酶催化，首先生成胆绿素释放出CO和 Fe^{2+}，胆绿素还原酶继续将胆绿素还原为胆红素。胆绿素是亲水性物质，胆红素具有疏水亲脂性质，极易透过生物膜。

（2）胆红素在血液中的运输：与清蛋白结合而运输。

（3）胆红素在肝内代谢：①摄取。胆红素可以自由双向通过肝血窦－肝细胞膜表面进入肝细胞。②转运。在细胞质基质与配体蛋白结合，转运至内质网。③结合转化。生成结合胆红素的过程为在UDP-葡糖醛酸基转移酶催化下，UDPGA提供葡糖醛酸基生成葡糖醛酸胆红素。主要是胆红素葡糖醛酸二酯和少量胆红素葡糖醛酸一酯；也有少量胆红素与硫酸根结合生成胆红素硫酸酯。未结合胆红素的同义名称为间接胆红素、游离胆红素、血胆红素、肝前胆红素，结合胆红素的同义名称为直接胆红素、肝胆红素。结合胆红素与未结合胆红素比较见表15-2。④排泄。结合胆红素从肝细胞分泌至胆小管，再随胆汁排入肠道，是一个逆浓度梯度的主动转运过程，肝分泌胆红素入胆小管是肝脏代谢胆红素的限速步骤。

表15-2　结合胆红素与未结合胆红素比较

理化性质	未结合胆红素	结合胆红素
与葡糖醛酸结合	未结合	结合
水溶性	小	大
脂溶性	大	小
透过细胞膜的能力及毒性	大	小
能否透过肾小球随尿排出	不能	能
与重氮试剂反应	间接阳性	直接阳性

（4）胆红素在肠道内转化为胆素原和胆素：胆素原的肠肝循环是指肠道中有少量的胆素原可被肠黏膜细胞重吸收，经门静脉入肝，其中大部分重吸收的胆素原再随胆汁排入肠道，形成胆素原的肠肝循环。

3. 黄疸产生的生化基础及临床意义

（1）黄疸：正常人血清胆红素含量为3.4 ～ 17.1μmol/L，以未结合胆红素为主。

（2）黄疸根据病因分为溶血性、肝细胞性和阻塞性黄疸，三类黄疸的比较见

表15-3。

表15-3　三类黄疸的比较

样　本	指　标	正　常	溶血性黄疸	肝细胞性黄疸	阻塞性黄疸
血液	浓度	＜10mg/L	＞10mg/L	＞10mg/L	＞10mg/L
	结合胆红素	极少	正常	↑	↑↑
	未结合胆红素	0～7mg/L	↑↑	↑	正常
尿液	尿胆红素	阴性	阴性	强阳性	强阳性
	尿胆素原	少量	↑	不一定	↓
	尿胆素	少量	↑	不一定	↓
粪便	粪胆素原	40～280mg/24h	↑	↓或正常	↓或阴性
	粪便颜色	正常	深	变浅或正常	完全阻塞时白陶土色

（八）维生素

1. 脂溶性维生素

（1）维生素A：①活化形式。视黄醇、视黄醛及视黄酸。②生物学功能。视黄醛与视蛋白结合发挥其视觉功能；视黄酸调控基因表达和细胞生长与分化。维生素A是有效的抗氧化剂，还可抑制肿瘤生长。③缺乏症及中毒。缺乏可导致夜盲症、眼干燥症等；摄入过多可导致中毒。

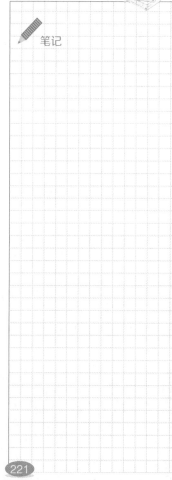

笔记

（2）维生素D：①活化形式。1,25-二羟维生素D$_3$。②生物学功能。1,25-二羟维生素D$_3$调节钙、磷代谢；可与靶细胞内特异的核受体结合，调节钙结合蛋白等基因的表达，影响细胞分化。③缺乏症及中毒。缺乏可导致儿童发生佝偻病，成人发生软骨病和骨质疏松症，摄入过多可导致中毒。

（3）维生素E：①活化形式为生育酚的各类衍生物。②生物学功能。维生素E是体内最重要的脂溶性抗氧化剂；通过调节基因表达，起到延缓衰老、防治冠状动脉粥样硬化性病、抗炎、维持正常免疫功能、抑制细胞增殖、抗肿瘤等作用，还可以影响细胞分化，促进血红素的合成。③缺乏症。一般不易缺乏。维生素E可治疗先兆流产及习惯性流产。

（4）维生素K：①活化形式为2-甲基-1,4-萘醌。②生物学功能。是凝血因子活化所必需的辅酶，是γ-谷氨酰羧化酶的辅酶，参与凝血因子的活化；对骨代谢具有重要作用；对减少动脉钙化也具有重要的作用。③缺乏症为出血。

2. 水溶性维生素

（1）维生素B$_1$：①活化形式为TPP。②生物学功能。在体内能量代谢中发挥重要的作用；TPP是α-酮酸氧化脱羧酶多酶复合体的辅酶，也是转酮醇酶的辅酶，在神经传导中起一定作用。③缺乏症包括脚气病和神经末梢炎。

（2）维生素B$_2$：①活化形式为FMN和FAD。②生物学功能。为氧化还原酶的辅基，起递氢体的作用；FAD作为谷胱甘肽还原酶的辅酶，参与体内抗氧化防御系统；FAD与细胞色素P450结合，参与药物代谢。③缺乏症包括口角炎、唇炎、阴囊炎、眼睑炎等。

（3）维生素PP：①活化形式为NAD^+、$NADP^+$。②生物学功能。NAD^+和$NADP^+$是多种不需氧脱氢酶的辅酶，发挥递氢体的作用。③缺乏症为癞皮病。

（4）泛酸：①活化形式为CoA、酰基载体蛋白（ACP）。②生物学功能。CoA及ACP构成酰基转移酶的辅酶，参与糖、脂类、蛋白质代谢及肝的生物转化作用。③缺乏症少见。

（5）生物素：①活化形式为生物素。②生物学功能。为羧化酶的辅基，参与CO_2固定；参与细胞信号转导、基因表达调控、DNA损伤修复等。③缺乏症少见，长期使用抗生素可缺乏。

（6）维生素B_6：①活化形式为磷酸吡哆醛、磷酸吡哆胺。②生物学功能。磷酸吡哆醛是氨基酸转氨酶、氨基酸脱羧酶、ALA合酶等多种酶的辅酶；磷酸吡哆醛可终止类固醇激素作用的发挥。③缺乏症包括小细胞低血色素性贫血、血清铁增高、脂溢性皮炎。

（7）叶酸：①活化形式为FH_4，N^5、N^{10}是一碳单位的结合位点。②生物学功能。是一碳单位转移酶的辅酶，一碳单位参与嘌呤、胸腺嘧啶核苷酸等多种物质的合成。③缺乏症包括巨幼细胞贫血、高同型半胱氨酸血症等。

（8）维生素B_{12}：①活化形式为甲钴胺素、$5'$-脱氧腺苷钴胺素。②生物学功能。是N^5-CH_3-FH_4转甲基酶的辅酶，催化同型半胱氨酸甲基化生成甲硫氨酸。③缺乏症包括巨幼细胞贫血、高同型半胱氨酸血症。

（9）维生素C：①活化形式为L-抗坏血酸。②生物学功能。参与体内多种羟化反应；作为抗氧化剂直接参与体内氧化还原反应，具有增强机体免疫力的作用。③缺乏症。维生素C缺乏病。

拓展练习及参考答案

拓展练习

【填空题】

1. 黄疸的类型根据病因分为（　　）、（　　）和（　　）黄疸。

2.（　　）缺乏可导致夜盲症；维生素D缺乏时儿童可发生（　　）；成人可发生（　　）。

【判断题】

1. 成熟红细胞唯一获得能量的方式是糖酵解。

2. 在急性炎症或某种类型组织损伤等情况下，急性时相蛋白质浓度都会增高。

【名词解释】

1. 生物转化

2. 胆素原的肠肝循环

【选择题】

A型题

1. 成熟红细胞中的供能物质主要是

A. 葡萄糖　　　　　B. 脂肪酸　　　　　C. 蛋白质　　　　　D. 酮体　　　　　E. 乳酸

2. 下列有关维生素的叙述哪一项是错误的

A. 维持正常功能所必需　　　　　　　　　B. 是体内能量的来源

C. 在许多动物体内不能合成　　　　　　　D. 体内需要量少，但必须由食物供给

E. 它们的化学结构彼此各不相同

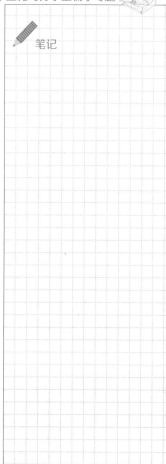

笔记

B型题

（3、4题共用选项）

A. 维生素A   B. 维生素B_6 C. 维生素C   D. 维生素D   E. 维生素K

3. 血红素合成需要

4. 血液凝固需要

X型题

5. 血红素合成的特点是

A. 合成的主要部位是骨髓和肝脏

B. 合成原料是甘氨酸、琥珀酰CoA及Fe^{2+}等

C. 合成的起始和最终过程均在线粒体中

D. 合成中间步骤在细胞质基质中

E. ALA脱水酶是血红素合成的限速酶

6. 正常情况下，能够从尿液排出的物质有

A. 结合胆红素   B. 未结合胆红素   C. 胆素原   D. 尿素   E. 维生素A

【问答题】

1. 简述血浆蛋白质的主要功能。

2. 简述维生素B与辅酶的关系，并写出各维生素的主要生理功能。

参考答案

【填空题】

1. 溶血性；肝细胞性；阻塞性

2. 维生素A；佝偻病；软骨病

笔记

【判断题】

1. √

2. ×　有些蛋白质浓度会下降，如白蛋白、转铁蛋白等。

【名词解释】

1. 生物转化　非营养物质经过氧化、还原、水解和结合反应，使其极性增加或活性改变，而易于排出体外的这一过程称为生物转化作用。

2. 胆素原的肠肝循环　肠道中生成的胆素原有10%～20%被肠黏膜细胞重吸收，经门静脉入肝，其中大部分又以原形随胆汁再次排入肠道。

【选择题】

A型题　1．A　2．B

B型题　3．B　4．E

X型题　5．ABCD　6．ACD

【问答题】

1. 答案见知识点总结（一）2。

2. 答案见知识点总结（八）2。

第16周　DNA重组和基因组学

一、考研真题解析

1.（2012年A型题）可以利用逆转录酶作为工具酶的作用是

A. 质粒的构建　　　　　　　　　B. 细胞的转染

C. 重组体的筛选　　　　　　　　D. 目的基因的合成

【答案与解析】　1. D。逆转录酶可用于合成互补DNA（cDNA），是获取真核生物目的基因编码序列的主要方法。

2.（2017年A型题）基因工程中的黏性末端连接指的是

A. 聚合酶链反应（PCR）引物与DNA模板连接

B. 氨基酸之间的肽键形成

C. 同一限制性内切核酸酶酶切位点的连接

D. cDNA与RNA形成杂交体

【答案与解析】　2. C。多数Ⅱ型限制性内切酶切割双链DNA产生5′或3′突出末端，称为黏性末端。同一限制性内切酶（RE）酶切目的DNA产生的黏性末端完全相同，黏性末端连接的效率高。

3.（2018年A型题）可获得目的基因的方法是

A．质粒降解　　　　　　　　　B．外切核酸酶水解

C．核酸变性　　　　　　　　　D．逆转录合成

【答案与解析】　3．D。参见考研真题解析第1题解析。

4．（2019年A型题）在DNA重组技术中使用质粒的目的是

A．促进宿主DNA复制　　　　　B．携带目的DNA进入受体细胞

C．使宿主基因发生重组　　　　　D．携带工具酶对宿主RNA剪接

【答案与解析】　4．B。质粒是细菌染色体外、能自主复制和稳定遗传的双链环状DNA分子，系重组DNA技术中最常用的载体，其目的是携带外源DNA进入受体细胞中复制扩增。

5．（2020年X型题）下列属于真核生物基因组结构中的中度重复序列的有

A．短散在核元件（SINEs）　　　B．长散在核元件（LINEs）

C．反向重复序列　　　　　　　　D．卫星DNA

【答案与解析】　5．AB。真核细胞基因组的重复序列分为高度重复序列、中度重复序列和单拷贝序列。中度重复序列分为短散在核元件（SINEs）和长散在核元件（LINEs）。

6．（2021年A型题）下列符合"转染"的技术操作是

A．利用电穿孔技术将外源DNA转入大肠埃希菌

B．利用质粒将外源DNA转入动物细胞

C．利用病毒载体将外源DNA转入大肠埃希菌

D．利用转基因技术克隆动物

【答案与解析】 6．B。转染是指外源DNA直接导入真核细胞（酵母除外）的过程。常用方法包括化学方法（磷酸钙共沉淀法，脂质体融合法）和物理方法（如显微注射法、电穿孔法等）。

7．（2022年A型题）质粒的结构特点是

A．环状单链DNA

B．环状单链RNA

C．环状双链DNA

D．环状双链RNA

【答案与解析】 7．C。质粒是位于细菌染色体外，能自主复制和稳定遗传的双链环状DNA分子。

二、知识点总结

本周知识点考点频率统计见表16-1。

表16-1　DNA重组和基因组学考点频率统计表（2012—2022年）

年 份	DNA重组				基因组	基因组学
	工具酶	载体	原理及步骤	应用		
2022			√			
2021			√			
2020					√	

续　表

年　份	DNA重组				基因组	基因组学
	工具酶	载体	原理及步骤	应用		
2019			√			
2018			√			
2017	√					
2016						
2015						
2014						
2013						
2012				√		

（一）自然界的DNA重组和基因转移

　　DNA重组是指不同DNA分子断裂和连接而产生DNA片段的交换并重新组合形成新DNA分子的过程。自然界的DNA重组和基因转移包括同源重组、位点特异性重组、转座重组、接合作用、转化作用、转导作用。

　　近期研究发现原核细菌有一种DNA整合机制，称为成簇规律间隔短回文重复（CRISPR）/Cas系统，这是一种由*Cas*基因编辑的Cas蛋白催化CRISPR形成，以及CRISPR转录产物与Cas蛋白相配合介导入侵DNA切割的机制，是细菌抵抗病毒感染的一种获得性免疫机制。

（二）重组DNA技术

重组DNA技术是指通过体外操作将不同来源的两个或两个以上DNA重新组合，并在适当宿主细胞中扩增形成新功能DNA分子的方法。

1. 重组DNA技术中常用的工具酶　主要有RE、DNA聚合酶Ⅰ、逆转录酶、T4 DNA连接酶、碱性磷酸酶、末端转移酶、Taq DNA聚合酶等。

RE是一类核酸内切酶，能识别双链DNA分子内部的特异序列并裂解磷酸二酯键，分为Ⅰ、Ⅱ和Ⅲ型。DNA重组技术中常用Ⅱ型酶。Ⅱ型RE的识别位点通常为6或4个碱基的回文序列。

2. 重组DNA技术中常用的载体　载体是为携带目的外源DNA片段，实现外源DNA在受体细胞内无性繁殖或表达有意义的蛋白质所采用的一些DNA分子。按功能分为克隆载体和表达载体。

（1）克隆载体用于扩增克隆化DNA分子。克隆载体是用于外源DNA片段的克隆和在宿主细胞中扩增的DNA分子。克隆载体应具备的基本特点：至少有一个复制起点，使克隆的外源DNA片段得到同步扩增；至少有一个选择标志；有适宜的RE的单一切点。

常见的克隆载体中，质粒克隆载体是重组DNA技术最常用的载体。质粒是位于细菌染色体外，能自主复制和稳定遗传的双链环状DNA分子。噬菌体DNA载体中的λ噬菌体和M13噬菌体DNA常用作克隆载体。其他克隆载体有柯斯质粒载体（又称黏粒载体）、细菌人工染色体（BAC）和酵母人工染色体（YAC）等，具有携带较长外源基因的能力。

（2）表达载体能为外源基因提供表达条件。表达载体是用来在宿主细胞中表达外源基因的载体。依据宿主细胞的不同分为原核表达载体和真核表达载体。原核表达载体中使用最为广泛的是大肠杆菌表达载体。真核表达载体包括酵母表达载体、昆虫表达载体、哺乳动物细胞表达载体等。

3. 重组DNA技术基本原理和操作步骤

（1）目的基因的分离获取是DNA克隆的第一步。分离获取的方法有化学合成法、基因组DNA文库和cDNA文库筛选、PCR法、其他方法如酵母单杂交或双杂交系统。

（2）载体的选择与准备是根据进行DNA重组的目的决定的。选用克隆载体获得目的DNA片段，选用表达载体获得目的DNA片段所编码的蛋白质。还要考虑目的DNA的大小、受体细胞的种类和来源等。

（3）目的DNA与载体连接形成重组DNA。连接方式有黏端连接、平端连接、黏-平末端连接，其中黏端连接的效率最高。

（4）重组DNA导入受体细胞使其得以扩增。常用导入方法有如下几种。①转化：是将外源DNA导入细菌、真菌的过程。只有细胞膜通透性增加的细菌才易于接受外源DNA。这种经过处理的细胞称为感受态细胞。②转染：是外源DNA直接导入真核细胞（酵母除外）的过程。常用方法有磷酸钙共沉淀法、脂质体融合法、显微注射法、电穿孔法等。③感染：是以病毒颗粒作为外源DNA运载体导入宿主细胞的过程。

（5）重组体的筛选与鉴定。筛选和鉴定重组体的方法主要有遗传标志筛选法、序列特异性筛选法、亲和筛选法。

遗传标志筛选法有抗生素抗性标志筛选、基因的插入失活/插入表达特性筛选、标志补救筛选、利用噬菌体的包装特性进行筛选等。序列特异性筛选法有限制性内切核酸酶法、PCR法、核酸杂交法、DNA测序法等。亲和筛选法基于抗原-抗体反应或配体-受体反应而进行。

（6）克隆基因的表达。原核表达体系中 *E.coli* 表达体系最为常用，其优点为培养方法简单、迅速、经济而又适合大规模生产工艺。真核表达体系有酵母、昆虫、乳类动物细胞等。

4. 重组DNA技术在医学中的应用　重组DNA技术广泛应用于生物制药，是医学研究的重要技术平台，是基因及其表达产物研究的技术基础。

（三）真核基因组的结构与功能

基因组是指一个生物体内所有遗传信息的总和。

1. 真核基因组具有独特的结构

（1）真核基因组中基因的编码序列所占比例远小于非编码序列。

（2）高等真核生物基因组含有大量的重复序列。

（3）真核基因组中存在多基因家族和假基因。

（4）大约60%基因转录后发生可变剪接，80%的可变剪接会使蛋白质的序列发生改变。

（5）真核基因组DNA与蛋白质结合形成染色体，储存于细胞核内，除配子细胞外，体细胞的基因组为二倍体。

2. 真核基因组中存在大量重复序列　真核生物基因组存在大量重复序列，根据重复序列的长度和重复频率不同，可分为高度重复序列、中度重复序列、单拷贝序列。高度重复序列分为反向重复序列和卫星DNA两类。中度重复序列分为短散在核元件和长散在核元件两类。单拷贝序列在单倍体基因组中只出现一次或数次。

3. **真核基因组中存在大量的多基因家族与假基因**　多基因家族是指由某一祖先基因经过重复和变异所产生的一组在结构上相似、功能相关的基因。假基因是基因组中存在的一段与正常基因非常相似但一般不能表达的DNA序列，以ψ来表示。

（四）基因组学

基因组学是阐明整个基因组的结构、结构与功能关系，以及基因之间相互作用的科学。根据研究目的不同而分结构基因组学、比较基因组学和功能基因组学。

1. **结构基因组学**　结构基因组学通过人类基因组作图和大规模测序来揭示人类基因组的全部DNA序列及其组成。其研究内容就是通过基因组作图和大规模序列测定等，构建人类基因组图谱，即遗传图谱、物理图谱、序列图谱和转录图谱。

2. **比较基因组学**　比较基因组学在基因组序列的基础上，通过与已知生物基因组的比较，鉴别基因组的相似性和差异性。种间比较基因组学阐明物种间基因组结构的异同，种内比较基因组学阐明群体内基因组结构的变异和多态性。

3. **功能基因组学**　功能基因组学的主要研究内容包括基因组的表达、基因组功能注释、基因组表达调控网络及机制的研究等。

4. **基因组学与医学的关系**　基因组学促进了疾病基因或疾病相关基因的发现和鉴定，疾病基因组学研究有利于阐明各种疾病易感人群的遗传学背景，为疾病诊断和治疗提供新的理论基础，促进肿瘤学、流行病学、环境与疾病等的研究。

笔记

拓展练习及参考答案

✎ 拓展练习

【填空题】

1. 将重组DNA导入宿主细胞的常用方法有（　　）、（　　）和（　　）。

2. 真核生物基因组根据重复序列的重复频率不同，可分为（　　）、（　　）和（　　）。

【判断题】

1. 常用克隆载体中，克隆容量最大的载体是酵母人工染色体。

2. 利用单核苷酸多态性遗传标志绘制人类遗传图谱绘制的精确度最低。

【名词解释】

1. 重组DNA技术

2. 基因组学

【选择题】

A型题

1. 下列选项中，符合Ⅱ类限制性内切核酸酶特点的是

A. 识别的序列呈回文结构　　　　　B. 没有特异酶解位点　　　　　C. 同时有连接酶活性

D. 可切割菌体内自身DNA　　　　　E. 兼有聚合酶活性

2. 作为克隆载体的最基本条件是

A. DNA分子量较小　　　　　　　　B. 环状双链DNA分子　　　　　C. 有自我复制功能

D. 有一定遗传标志　　　　　　　　E. 有限制性内切酶酶切位点

笔记

B型题

（3、4题共用选项）

A. 克列诺（Klenow）片段　　　　B. 连接酶　　　　　C. 碱性磷酸酶

D. 末端转移酶　　　　　　　　E. 核酸内切酶

3. 常用于合成cDNA第二链的酶是

4. 常用于标记双链DNA 3'-端的酶是

X型题

5. 下列关于质粒载体的叙述，正确的是

A. 具有自我复制能力　　　　　B. 有些质粒常携带抗药性基因　　　C. 为小分子环状DNA

D. 含有克隆位点　　　　　　　E. 能稳定遗传

6. 重组DNA技术中可用于获取目的基因的方法有

A. 化学合成法　　　　　　　　　　　　B. PCR

C. 蛋白质印迹（Western blotting）　　　　D. 基因敲除

E. 筛选基因组DNA文库

【问答题】

1. 重组DNA技术的操作步骤有哪些？

2. 真核基因组的结构特点是什么？

参考答案

【填空题】

1. 转化；转染；感染

2. 高度重复序列；中度重复序列；单拷贝序列

笔记

【判断题】

1. √

2. ×　利用单核苷酸多态性遗传标志绘制人类遗传图谱绘制的精确度高。

【名词解释】

1. 重组DNA技术　通过体外操作将不同来源的两个或两个以上DNA重新组合，并在适当宿主细胞中扩增形成新功能DNA分子的方法。

2. 基因组学　阐明整个基因组的结构、结构与功能关系，以及基因之间相互作用的科学。

【选择题】

A型题　1. A　2. C

B型题　3. A　4. A

X型题　5. ABCDE　6. ABE

【问答题】

1. 答案见知识点总结（二）3。

2. 答案见知识点总结（三）。

第17周　癌基因与抑癌基因、常用分子生物学技术、基因诊断与基因治疗

一、考研真题解析

1.（2012年A型题）下列关于PTEN的叙述正确的是

A. 细胞内受体 　　　　　　　　　B. 抑癌基因产物

C. 作为第二信使 　　　　　　　　D. 具有丝/苏氨酸激酶活性

【答案与解析】　1. B。人第10号染色体缺失的磷酸酶及张力蛋白同源基因（*PTEN*基因）编码产物PTEN具有磷脂酰肌醇-3,4,5-三磷酸3-磷酸酶活性，催化水解磷脂酰肌醇磷酸（PIP_3）成为PIP_2，抑制PI3K/AKT信号通路而发挥抑癌功能。

2.（2013年A型题）下列可以导致原癌基因激活的机制是

A. 获得启动子 　　　　　　　　　B. 转录因子与RNA结合

C. 抑癌基因的过表达 　　　　　　D. p53蛋白诱导细胞凋亡

【答案与解析】　2. A。癌基因活化的机制有基因突变、基因扩增、染色体易位和获得启动子或增强子。

3.（2013年A型题）用于检测基因表达水平的测定技术是

A. 蛋白质印记分析　　　　　　　　B. 酵母双杂交技术

C. 电泳迁移率变动测定　　　　　　D. 基因剔除技术

【答案与解析】 3．A。基因表达是基因转录及翻译的过程，检测特定蛋白质的存在及含量可反映基因表达水平。蛋白质印迹分析是检测样品中特定蛋白质的存在、细胞中特异蛋白质的半定量分析等的技术。

4．（2013年A型题）用于分析蛋白质–蛋白质相互作用的技术是

A. 蛋白质印记分析　　　　　　　　B. 酵母双杂交技术

C. 电泳迁移率变动测定　　　　　　D. 基因剔除技术

【答案与解析】 4．B。常用蛋白质相互作用的研究技术有酵母双杂交、各种亲和分析（标签蛋白沉淀、免疫共沉淀等）、荧光共振能量转换效应分析、噬菌体显示系统筛选等。

5．（2013年A型题）目前基因治疗主要采用的方式是

A. 对患者缺陷基因进行重组　　　　B. 提高患者的DNA合成能力

C. 调整患者DNA修复的酶类　　　　D. 将表达目的基因的细胞输入患者体内

【答案与解析】 5．D。基因治疗是将外源基因通过基因转移技术导入患者适当的受体细胞中，使外源基因表达的产物能治疗某种疾病。

6．（2014年X型题）编码的产物属于转录因子的癌基因有

A. *C-JUN*　　　B. *C-FOS*　　　C. *C-SIS*　　　　D. *C-MYC*

【答案与解析】 6．ABD。*MYC*、*JUN*和*FOS*是编码转录因子的癌基因，*SIS*是编

码生长因子的癌基因。

7.（2014年X型题）聚合酶链反应（PCR）及其衍生技术主要应用于

A．基因的体外突变　　　　　　　　B．目的基因克隆

C．DNA序列分析　　　　　　　　　D．基因表达检测

【答案与解析】　7．ABCD。PCR技术的用途包括获取目的基因片段、DNA和RNA的微量分析、DNA序列分析、基因突变分析、基因的体外突变。

8.（2015年X型题）编码的产物属于生长因子受体的癌基因有

A．*ERB-B*　　　　　　B．*HER-2*　　　　　　C．*SIS*　　　　　　D．*JUN*

【答案与解析】　8．AB。癌基因中属于蛋白质酪氨酸激酶（PTK）类生长因子受体的是*EGFR*（*erb*家族）、*HER-2*、*FMS*、*KIT*等。

9.（2017年A型题）测定蛋白质－蛋白质相互作用的实验是

A．酵母双杂交技术　　　　　　　　B．DNA链末端合成终止法

C．聚合酶链反应　　　　　　　　　D．染色质免疫沉淀法

【答案与解析】　9．A。参见考研真题解析第4题解析。

10.（2017年A型题）研究DNA-蛋白质相互作用的实验是

A．酵母双杂交技术　　　　　　　　B．DNA链末端合成终止法

C．聚合酶链反应　　　　　　　　　D．染色质免疫沉淀法

【答案与解析】　10．D。常用的研究DNA与蛋白质相互作用分析技术有电泳迁移率变动测定和染色质免疫沉淀技术。

11.（2018年X型题）能够测定DNA-蛋白质相互作用的实验技术有

A. 电泳迁移率变动测定　　　　　　　B. 酵母双杂交技术

C. 染色质免疫沉淀法　　　　　　　　D. 酶联免疫法

【答案与解析】　11. AC。参见考研真题解析第10题解析。

12.（2020年A型题）分析蛋白质表达量的实验技术是

A. Southern blotting　　　　　　　　B. Northern blotting

C. Western blotting　　　　　　　　　D. PCR

【答案与解析】　12. C。蛋白质印迹（Western blotting）是将组织或细胞中提取的蛋白质进行聚丙烯酰胺凝胶电泳分离，再转移到硝酸纤维素或尼龙膜等固相介质上，利用特异性抗体来检测蛋白质区带信号的技术。该技术用于检测样品中特异性蛋白质的存在、细胞中特异蛋白质的半定量分析以及蛋白质分子的相互作用研究等。

13.（2022年X型题）PCR技术的用途有

A. 基因表达的检测　　　　　　　　　B. 基因变异的分析

C. 基因片段的获得　　　　　　　　　D. 基因序列的突变

【答案与解析】　13. ABCD。参见考研真题解析第7题解析。

二、知识点总结

本周知识点考点频率统计见表17-1。

表 17-1　癌基因与抑癌基因考点频率统计表（2012—2022 年）

年　份	癌基因与抑癌基因			常用分子生物学技术				基因诊断与基因治疗	
	癌基因	生长因子	抑癌基因	印迹技术	PCR技术	DNA测序、生物芯片、蛋白质分离纯化与结构分析	生物大分子相互作用研究	基因诊断	基因治疗
2022					√				
2021									
2020				√					
2019									
2018							√		
2017							√√		
2016									
2015		√							
2014		√			√				
2013	√			√			√		√
2012			√						

（一）癌基因

癌基因是能导致细胞发生恶性转化和诱发癌症的基因。

1. 原癌基因是人类基因组中具有正常功能的基因　原癌基因及其表达产物对细胞

正常生长、增殖和分化起着精确的调控作用。原癌基因在进化上高度保守，广泛存在于生物界。某些因素（如放射线、有害化学物质等）作用使这类基因结构发生异常或表达失控，转变为癌基因。

重要的原癌基因家族有 *SRC* 家族（*SRC*、*ABL*、*LCK* 等）、*RAS* 家族（*H-RAS*、*K-RAS*、*N-RAS* 等）和 *MYC* 家族（*C-MYC*、*N-MYC*、*L-MYC* 等）。

2. 某些病毒的基因组中含有癌基因 肿瘤病毒大多为RNA病毒，且都是逆转录病毒。DNA肿瘤病毒常见的有人乳头瘤病毒和乙型肝炎病毒等。RNA肿瘤病毒携带的癌基因来源于细胞原癌基因。

3. 原癌基因有多种活化机制 活化机制主要有四种：基因突变、基因扩增、染色体易位和获得启动子或增强子。

4. 原癌基因编码的蛋白质与生长因子密切相关 生长因子是一类由细胞分泌的、类似于激素的信号分子，具有调节细胞生长与分化的作用。原癌基因编码的蛋白质与生长因子密切相关。

（1）生长因子主要有三种作用模式，即内分泌、旁分泌、自分泌。

（2）生长因子的功能主要是正调节靶细胞生长。

（3）生长因子通过细胞内信号转导而发挥其功能。

（4）原癌基因的编码蛋白涉及生长因子信号转导的多个环节。依据编码的蛋白质在信号转导系统中的作用分为四类：包括细胞外生长因子（如 *SIS*、*INT*-2）、跨膜生长因子受体（如 *EGFR*、*HER*2、*KIT*）、细胞内信号转导分子（如 *SRC*、*RAF*、*RAS*）和核内转录因子（如 *MYC*、*FOS*、*JUN*）。

5. 癌基因是肿瘤治疗的重要分子靶点 *BRAF* 是黑素瘤治疗的重要分子靶点。*HER*2是乳腺癌治疗的重要分子靶点。*BCR-ABL* 是慢性髓细胞性白血病治疗的重要分子靶点。

（二）抑癌基因

抑癌基因也称肿瘤抑制基因，是防止或阻止癌症发生的基因。

1. 抑癌基因对细胞增殖起负性调控作用 包括抑制细胞增殖、抑制细胞周期进程、调控细胞周期检查点、促进凋亡和参与DNA损伤修复等。

2. 抑癌基因有多种失活机制 抑癌基因失活的方式常见有以下三种：基因突变常导致抑癌基因编码的蛋白质功能丧失或降低；杂合性丢失导致抑癌基因彻底失活；启动子区甲基化导致抑癌基因表达抑制。

3. 抑癌基因在肿瘤发生发展中具有重要作用

（1）*RB* 主要通过调控细胞周期检查点而发挥其抑癌功能：*RB* 基因编码RB蛋白，去磷酸化或低磷酸化RB蛋白为活性形式，促进细胞分化，抑制细胞增殖。低磷酸化*RB* 对细胞周期的负调节作用通过与转录因子E2F-1的结合而实现。

（2）*TP*53 主要通过调控DNA损伤应答和诱发细胞凋亡而发挥其抑癌功能：*TP*53基因是目前发现的与肿瘤发生相关性最高的基因，编码53kD核内磷酸化蛋白，具有转录因子活性。野生型p53蛋白被冠以"基因组卫士"称号。如有损伤，p53的靶基因 *P*21 可阻止细胞通过 G_1/S期检查点，停滞于 G_1 期，以提供足够的时间让损伤DNA修复。如果修复失败，p53蛋白则引发细胞凋亡。

（3）*PTEN* 基因主要通过抑制PI3K/AKT信号通路而发挥其抑癌功能：*PTEN* 基因编

码产物 *PTEN* 具有磷脂酰肌醇 -3,4,5- 三磷酸 3-磷酸酶活性，催化水解 PIP_3 成为 PIP_2，抑制 PI3K/AKT 信号通路而发挥抑癌功能。

（三）印迹技术

1. 印迹技术的原理

（1）印迹技术：利用各种物理方法使电泳胶中的生物大分子转移到 NC 等各种膜上，使之成为固相化分子。

（2）探针：带有放射性核素、生物素或荧光物质等可检测标志物的核酸片段。

2. 印迹技术的类别及应用

（1）DNA 印迹：DNA 样品经 RE 消化后进行琼脂糖凝胶电泳分离，凝胶中的 DNA 经碱变性后转移到 NC 膜上。80℃真空加热或紫外交联可将 DNA 固定于 NC 膜上，然后进行杂交。可用于基因组 DNA 的定性和定量分析，亦可分析重组质粒和噬菌体。

（2）RNA 印迹：利用与 DNA 印迹类似的技术分析 RNA 称为 RNA 印迹。主要用于检测特定组织或细胞中已知特异 mRNA 或非编码 RNA 的表达水平，也可用于比较不同组织和细胞中同一基因的表达情况。

（3）蛋白质印迹：蛋白质电泳后转移至膜型固相材料，与溶液中的蛋白质（常用抗体）相互结合来检测蛋白质的技术称为蛋白质印迹。可用于检测样品中特异蛋白质的存在、细胞中特异蛋白质的半定量分析及蛋白质相互作用研究等。

（四）PCR 技术的原理与应用

1. PCR 技术的工作原理
PCR 是以拟扩增的 DNA 分子为模板，以两条分别与模板 DNA 两条链 3′-末端相互补的寡核苷酸片段为引物，在 DNA 聚合酶的作用下，按照半保留复制的机制沿着模板链延伸直至完成新的DNA合成，重复这一过程，即可使目的DNA片段得到扩增。PCR反应的特异性依赖于寡核苷酸引物。PCR反应体系的基体成分包括模板DNA、特异性引物、耐热性DNA聚合酶、dNTPs及含Mg^{2+}的缓冲液。PCR的反应步骤包括变性（94℃）、退火（一般较T_m低5℃）、延伸（72℃）。

2. PCR技术的主要用途　包括获取目的基因片段、DNA和RNA的微量分析、DNA序列分析、基因突变分析、基因的体外突变。

3. 几种重要的PCR衍生技术　包括逆转录PCR技术、原位PCR技术、实时PCR技术。逆转录PCR技术是从组织或细胞中获得目的基因，以及对已知序列的RNA进行定性及半定量分析的最有效方法。原位PCR技术可在分子和细胞水平上研究疾病的发病机制和临床过程。实时PCR技术可准确确定DNA拷贝数，对样品进行精确定量。

（五）DNA测序技术

1. 双脱氧法和化学降解法　是两种常规的DNA测序方法。Sanger双脱氧测序法的基本原理是将2′,3′-双脱氧核苷酸（ddNTP）掺入到合成的DNA链中，由于脱氧核糖的3′-位碳原子没有羟基，不能与下一个核苷酸形成磷酸二酯键，DNA合成反应即终止，通过电泳分离不同长度的DNA片段即可测定目的片段的碱基组成。

化学降解法是先对待测DNA的末端进行放射性核素标记，然后用专一性化学试剂将该片段进行特异性降解，产生4套长短不一的DNA片段混合物，通过所带标记直接读出序列。

2. 全自动激光荧光DNA测序技术　该技术原理是基于Sanger双脱氧法。早期全自动DNA序列分析仪的工作原理主要是基于双脱氧法，采用四色荧光标记ddNTP而制作。

3. **高通量DNA测序技术**　该技术使基因测序走向医学实用。新的高通量DNA测序技术被冠以新一代测序，包括焦磷酸测序、循环芯片测序和单分子测序技术等。

（六）生物芯片技术

1. **基因芯片**　基因芯片是指将许多特定的DNA片段有规律地紧密排列固定于单位面积的支持物上，然后与待测的荧光标记样品进行杂交，杂交后用荧光检测系统等对芯片进行扫描，通过计算机系统对每一位点的荧光信号做出检测、比较和分析，迅速得出定性和定量的结果的一种生物芯片技术。适于分析不同组织细胞或同一细胞不同状态下的基因差异表达情况。

2. **蛋白质芯片**　蛋白质芯片是将高度密集排列的蛋白分子作为探针点阵固定在固相支持物上，与待测蛋白样品反应，捕获样品中的靶蛋白，再经检测系统对靶蛋白进行定性和定量分析的一种技术。广泛用于蛋白质表达谱、蛋白质功能、蛋白质相互作用的研究。

（七）蛋白质的分离纯化与结构分析

1. **蛋白质沉淀用于蛋白质浓缩及分离**

（1）有机溶剂沉淀：丙酮、乙醇等可以使蛋白质沉淀而获得浓缩的蛋白质。

（2）盐析：是将硫酸铵、硫酸钠或氯化钠等加入蛋白质溶液，使蛋白质表面电荷被中和以及水化膜被破坏，导致蛋白质在水溶液中的稳定因素被破坏而沉淀。

（3）免疫沉淀法：利用特异抗体识别相应的抗原蛋白而形成抗原抗体复合物的性质，可从蛋白质混合溶液中分离获得抗原蛋白。

2. **透析及超滤法**　可去除蛋白质溶液中的小分子化合物。透析是利用透析袋把大

笔记

分子蛋白质与小分子化合物分开的方法。超滤法是应用正压或离心力使蛋白质溶液透过有一定截留分子量的超滤膜，达到浓缩蛋白质溶液的目的的。

3. 电泳分离蛋白质 通过蛋白质在电场中泳动而达到分离各种蛋白质的技术称为电泳。根据支撑物的不同，可分为纤维薄膜电泳、凝胶电泳等。常用电泳有SDS-聚丙烯酰胺凝胶电泳、等电聚焦电泳和双向凝胶电泳。

4. 层析分离蛋白质 层析是将待分离蛋白质溶液（流动相）经过一个固态物质（固定相）时，根据溶液中待分离的蛋白质颗粒大小、电荷多少及亲和力等，使待分离的蛋白质组分在两相中反复分配，并以不同速度流经固定相而达到分离蛋白质的目的的技术。离子交换层析利用各蛋白质的电荷量及性质不同进行分离。凝胶过滤利用各蛋白质分子大小不同来分离。

5. 超速离心分离 超速离心法是利用其密度、形态、沉降系数不同而分离蛋白质。

6. 蛋白质的一级结构分析 步骤如下。分析已纯化蛋白质的氨基酸残基组成；测定多肽链的氨基端与羧基端的氨基酸残基；将肽链水解成片段，分别进行分析；测定各肽段的氨基酸排列顺序，一般采用Edman降解法。分析蛋白质的一级结构一般需用数种水解法，分析出各肽段的氨基酸顺序，然后经过组合排列对比，最终得出完整肽链中氨基酸顺序的结果。

7. 蛋白质空间结构分析 二色光谱测定蛋白质二级结构；研究蛋白质三维空间结构采用X射线衍射法和核磁共振技术；冷冻电镜技术是结构生物学的主要研究手段。

（八）生物大分子相互作用研究技术

1. 蛋白质相互作用研究技术 常用蛋白质相互作用的研究技术有酵母双杂交、各种亲和分析（标签蛋白沉淀、免疫共沉淀等）、荧光共振能量转换效应分析、噬菌体显示系统筛选等。

2. DNA-蛋白质相互作用分析技术　常用的研究DNA与蛋白质相互作用分析技术有电泳迁移率变动测定和染色质免疫沉淀技术。

（九）基因诊断

1. 基因诊断的定义　用分子生物学技术对生物体的DNA序列及其产物（如mRNA和蛋白质）进行定性和定量分析称为分子诊断，针对DNA和RNA的分子诊断称为基因诊断。基因诊断的优势包括特异性强、灵敏度高、可快速和早期诊断、适用性强、诊断范围广。

2. 基因诊断的基本技术　基因诊断的基本技术日趋成熟。常用技术法主要有核酸分子杂交技术、PCR、DNA测序和基因芯片技术等。

（1）核酸分子杂交技术：是基因诊断的基本方法：常用核酸分子杂交技术包括DNA印迹法、Northern印迹法、斑点杂交、原位杂交、荧光原位杂交等。

（2）PCR技术：是特异、快速的基因诊断方法：包括PCR、PCR-等位基因特异性寡核苷酸（ASO）、反向点杂交、PCR-限制性片段长度多态性（RFLP）、PCR-单链构象多态性（SSCP）、PCR-变性高效液相色谱（DHPLC）等。

（3）DNA序列分析：是基因诊断最直接的方法：测定DNA碱基排列顺序，找出变异所在是最为直接和确切的基因诊断方法。

（4）基因芯片技术：可用于大规模基因诊断：基因芯片技术适用于同时检测多个基因、多个位点，精确研究各种状态下分子结构的变异，了解组织或细胞中基因表达情况，用以检测基因的突变、多态性、表达水平和基因文库作图等。

3. 基因诊断的医学应用　基因诊断可用于遗传性疾病诊断和风险预测、多基因常见病的预测性诊断、传染病病原体检测、疗效评价和用药指导、法医学的个体识别。

（十）基因治疗

基因治疗是通过一定方式将人正常基因或有治疗作用的DNA片段导入人体靶细胞以矫正或置换致病基因的治疗方法。

1. 基因治疗的基本策略　包括基因矫正、基因置换、基因增补、基因沉默或失活和自杀基因治疗。

2. 基因治疗的基本程序

（1）选择治疗基因：针对致病基因对应的正常基因或经改造的基因均可作为治疗基因。

（2）选择携带治疗基因的载体：基因治疗用载体有病毒载体和非病毒载体两大类，多选用病毒载体。目前用作基因转移载体的病毒有逆转录病毒、腺病毒、腺相关病毒（AAV）、单纯疱疹病毒（HSV）等，其中逆转录病毒载体最常用。

（3）选择基因治疗的靶细胞：靶细胞通常是体细胞，包括病变组织细胞或正常的免疫功能细胞。

（4）将治疗基因导入人体：基因治疗有间接体内疗法和直接体内疗法两种途径。基因导入细胞的方法有生物学法和非生物学法两类。

（5）治疗基因表达的检测：被导入基因的表达状态可用PCR、RNA印迹、蛋白印迹及ELISA等检测。对于检测导入基因是否整合到基因组以及整合的部位，可用DNA

笔记

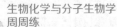

笔记

印迹技术分析。

拓展练习及参考答案

✎ 拓展练习

【填空题】

1. 常用作基因转移载体的病毒载体有（　）、（　）、（　）和（　）等。

2. 印迹技术的类别有（　）、（　）和（　）。

【判断题】

1. 编码蛋白质具有GTP酶活性的癌基因是 *RAS*。

2. 凝胶过滤分离蛋白质时，分子量小的蛋白质首先从凝胶中分离出来。

【名词解释】

1. 癌基因

2. 探针

【选择题】

A型题

1. 下列关于细胞原癌基因的叙述，正确的是

A. 存在于DNA病毒中   B. 存在于正常真核生物基因组中

C. 存在于RNA病毒中   D. 正常细胞含有即可导致肿瘤的发生

E. 不调控细胞正常生长、增殖和分化

2. 盐析法沉淀蛋白质的原理是

A. 改变蛋白质的一级结构   B. 使蛋白质变性，破坏空间结构

C. 使蛋白质的等电点发生变化　　　D. 中和蛋白质表面电荷并破坏水化膜

E. 使蛋白质解聚

B 型题

（3、4题共用选项）

A. 酵母双杂交技术　　　　B. 电泳迁移率变动分析　　　C. 基因芯片

D. 染色质免疫共沉淀技术　　　E. PCR

3. 用于研究体外蛋白质－蛋白质相互作用技术的是

4. 用于研究体外 DNA-蛋白质相互作用技术的是

X 型题

5. 下列关于生长因子的叙述，正确的有

A. 其化学本质属于多肽

B. 其受体定位于细胞核中

C. 主要以旁分泌和自分泌方式起作用

D. 具有调节细胞生长与增殖功能

E. 大部分生长因子的受体属于受体酪氨酸激酶家族

6. 常用于研究基因表达的分子生物学技术有

A. Northern blotting　　　　B. Southern blotting　　　C. Western blotting

D. RT-PCR　　　　E. DNA sequencing

【问答题】

1. 简述原癌基因活化的机制。

2. 简述 PCR 反应体系的基本成分及其基本反应步骤。

笔记

✍ 参考答案

【填空题】

1．逆转录病毒；腺病毒；腺相关病毒；单纯疱疹病毒

2．DNA印迹；RNA印迹；蛋白质的印迹

【判断题】

1．√

2．×　凝胶过滤分离蛋白质时，分子量大的蛋白质首先从凝胶中分离出来。

【名词解释】

1．癌基因　能导致细胞发生恶性转化和诱发癌症的基因。

2．探针　带有放射性核素、生物素或荧光物质等可检测标志物的核酸片段。

【选择题】

A型题　1．B　2．D

B型题　3．A　4．B

X型题　5．ACDE　6．ACD

【问答题】

1．答案见知识点总结（一）3。

2．答案见知识点总结（四）1。

附录

期末综合测试

笔记

一、单选题（每题1分，共20分）

1．通常不存在RNA中，也不存在DNA中的碱基是

A．腺嘌呤　　B．黄嘌呤　　C．鸟嘌呤

D．胸腺嘧啶　　E．尿嘧啶

2．磷酸果糖激酶1的别构抑制剂是

A．6-磷酸果糖　　B．果糖-1,6-二磷酸

C．柠檬酸　　D．乙酰辅酶A（CoA）

E．AMP

3．下列参与糖代谢的酶中，哪种酶催化的反应是可逆的

A．糖原磷酸化酶　　B．己糖激酶

C．果糖二磷酸酶　　D．丙酮酸激酶

E．磷酸甘油酸激酶

4．丙酮酸脱氢酶复合体中不包括的辅助因子是

A. 黄素腺嘌呤二核苷酸（FAD）　　　　　　B. 烟酰胺腺嘌呤二核苷酸（NAD^+）

C. 硫辛酸　　　　　　　　　　　　　　　　D. 辅酶A

E. 生物素

5. 氰化物中毒是由于抑制了下列哪种细胞色素（Cyt）

A. Cyt a　　　　　　　　B. Cyt aa_3　　　　　　　C. Cyt b

D. Cyt c　　　　　　　　E. Cyt c_1

6. 血浆中运输内源性胆固醇的脂蛋白是

A. 乳糜微粒（CM）　　　　　　　　　　　B. 极低密度脂蛋白（VLDL）

C. 低密度脂蛋白（LDL）　　　　　　　　D. HDL_2

E. HDL_3

7. 胆固醇在体内不能转变生成的是

A. 维生素D_3　　　　　　　B. 胆汁酸　　　　　　　C. 胆色素

D. 雌二醇　　　　　　　　　E. 睾酮

8. 合成脑磷脂需要的物质是

A. CDP-乙醇胺　　　　　　B. CDP-胆碱　　　　　　C. UDP-胆碱

D. UDP-乙醇胺　　　　　　E. GOP-乙醇胺

9. 酪氨酸在体内不能转变生成的是

A. 肾上腺素　　　　　　　　B. 黑色素　　　　　　　C. 延胡索酸

D. 苯丙氨酸　　　　　　　　E. 乙酰乙酸

笔记

10. 在体内能分解生成 β- 氨基异丁酸的是

A．AMP   B．GMP   C．CM

D．UMP   E．TMP

11. 合成嘌呤、嘧啶的共用原料是

A．甘氨酸   B．一磷单位   C．谷氨酸

D．天冬氨酸   E．氨基甲酰磷酸

12. 真核生物中，催化转录产物为核不均一（hnRNA）的 RNA 聚合酶（pol）是

A．RNA pol核心酶   B．RNA pol I   C．RNA pol Ⅱ

D．RNA pol Ⅲ   E．RNA pol β亚基

13. 原核生物的 mRNA 转录终止需要下列哪种因子

A．释放因子   B．依赖 ρ（Rho）因子

C．信号肽   D．σ因子

E．解旋酶（DnaB）

14. 对真核和原核生物翻译过程均有干扰作用，故难用作抗菌药物的是

A．四环素   B．链霉素   C．卡那霉素

D．嘌呤霉素   E．氯霉素

15. 下列关于TATA盒的叙述，正确的是

A．位于操纵子的第一个结构基因处   B．属于负性顺式调节元件

C. 能编码阻遏蛋白　　　　　　　　　　D. 发挥作用的方式与方向无关

E. 能与RNA聚合酶结合

16. 胞内受体发挥作用的激素是

A. 肾上腺素　　　　　　　　B. 甲状腺激素　　　　　　　　C. 胰血糖素

D. 胰岛素　　　　　　　　　E. 促肾上腺皮质激素

17. 直接影响细胞内环磷酸腺苷（cAMP）含量的酶是

A. 磷脂酶　　　　　　　　　B. 蛋白激酶A　　　　　　　　C. 腺苷酸环化酶

D. 蛋白激酶C　　　　　　　E. 酪氨酸蛋白激酶

18. 下列哪种酶激活后会直接引起cAMP浓度降低

A. 蛋白激酶A　　　　　　　B. 蛋白激酶C　　　　　　　　C. 磷酸二酯酶

D. 磷脂酶C　　　　　　　　E. 蛋白激酶G

19. 下列血浆蛋白中，具有运输胆红素的是

A. 清蛋白　　　　　　　　　B. α_1球蛋白　　　　　　　C. α_2球蛋白

D. β球蛋白　　　　　　　　E. γ球蛋白

20. 下列关于Ras蛋白特点的叙述，正确的是

A. 具有GTP酶活性　　　　　　　　　　B. 能使蛋白质酪氨酸磷酸化

C. 具有七个跨膜螺旋结构　　　　　　　D. 属于蛋白质丝氨酸/苏氨酸激酶

E. 抑癌基因产物

二、多选题（每题 2 分，共 20 分）

1. 下列氨基酸中，属于疏水性的有

A. 缬氨酸 　　　　B. 精氨酸 　　　　C. 亮氨酸 　　　　D. 脯氨酸

2. 下列哪些化合物属于高能磷酸化合物

A. 果糖 -1,6- 二磷酸 　　　　　　　B. 磷酸烯醇式丙酮酸
C. 三磷酸肌醇 　　　　　　　　　　D. 磷酸肌酸

3. 下列磷脂中，哪些含有胆碱

A. 卵磷脂 　　　　B. 脑磷脂 　　　　C. 心磷脂 　　　　D. 神经鞘磷脂

4. 谷氨酰胺在体内的代谢去路是

A. 参与血红素的合成 　　　　　　　B. 参与嘌呤、嘧啶核苷酸合成
C. 异生成糖 　　　　　　　　　　　D. 氧化供能

5. 参与嘌呤环合成的原料来自下列哪些物质

A. 甲酰基 　　　　B. 同型半胱氨酸 　　C. 天冬氨酸 　　　D. 氨基甲酰磷酸

6. 复制过程中具有催化 3′,5′- 磷酸二酯键生成的酶有

A. 引物酶 　　　　B. DNA 聚合酶 　　C. 拓扑异构酶 　　D. 解螺旋酶

7. 下列哪些因子参与蛋白质翻译延长

A. IF   B. EF-G   C. EF-T   D. RF

8. 下列选项中，属于顺式作用元件的有

A. 启动子   B. 增强子   C. 沉默子   D. 操纵子

9. 肝脏合成的初级胆汁酸有

A. 胆酸   B. 鹅脱氧胆酸   C. 甘氨胆酸   D. 牛磺胆酸

10. 下列基因中，属于原癌基因的有

A. *C-JUN*   B. *C-FOS*   C. *C-ERB-B*   D. *P16*

三、填空题（每空1分，共10分）

1. 维持蛋白质胶体稳定的重要因素是（　　）和（　　）。
2. 脂蛋白脂肪酶（LPL）的功能主要是水解（　　）和（　　）中的甘油三酯。
3. 肝糖原合成与分解的关键酶分别是（　　）和（　　）。
4. 翻译延长过程包括进位、（　　）和（　　）。
5. 合成血红素的基本原料是（　　）、（　　）和 Fe^{2+}。

四、判断题（每题1分，共5分）

1. 谷胱甘肽是体内重要的氧化剂。
2. 转氨基作用的平衡常数接近1.0。
3. 甲状腺素促进氧化磷酸化和产热。

4. 肽酰转移酶是一种核酶。

5. 第一个被发现的抑癌基因是p53基因。

五、名词解释（每题3分，共15分）

1. 蛋白质的变性作用

2. 糖异生

3. 半保留复制

4. 转录因子

5. 第二信使

六、问答题（每题10分，共30分）

1. 简述DNA双螺旋结构模型及其生物学意义。

2. 请简述糖酵解和三羧酸循环的关键酶及其主要调节剂。

3. 简述原核生物和真核生物的DNA聚合酶及其作用特点。

参 考 答 案

✍ 参考答案

一、单选题

1. B 2. C 3. E 4. E 5. B 6. C 7. C 8. A 9. D 10. E 11. D 12. C 13. B

14. D 15. E 16. B 17. C 18. C 19. A 20. A

二、多选题

1. ACD　2. BD　3. AD　4. BCD　5. AC　6. ABC　7. BC　8. ABC　9. ABCD

10. ABC

三、填空题

1. 颗粒表面电荷；水化膜

2. CM；VLDL

3. 糖原合酶；糖原磷酸化酶

4. 成肽；转位

5. 甘氨酸；琥珀酰CoA

四、判断题

1. ×　2. √　3. √　4. √　5. ×

五、名词解释

1. 蛋白质的变性作用　在某些物理和化学因素作用下，其特定的空间构象被破坏，即有序的空间结构变成无序的空间结构，从而导致其理化性质改变和生物活性的丧失。

2. 糖异生　由非糖化合物（乳酸、甘油、生糖氨基酸等）转变为葡萄糖或糖原的过程称为糖异生。

3. 半保留复制　在复制时，亲代双链DNA解开为两股单链，各自作为模板，依据碱基配对规律，合成序列互补的子代DNA双链。

4. 转录因子　真核基因的转录调节蛋白又称转录调节因子或转录因子。绝大多数真核转录调节因子由其编码基因表达后进入细胞核，通过识别、结合特异的顺式作用元件而增强或减弱相应基因的表达。转录因子也被称为反式作用蛋白或反式作用因子。

5. 第二信使　在细胞内传递信号的小分子或离子称第二信使，如Ca^{2+}、cAMP、cGMP、环腺苷二磷酸核糖、DAG、IP_3、花生四烯酸、神经酰胺、NO和CO等。

笔记

六、问答题

1. 答案见第2周知识点总结（二）1（2）。

2. 答案见第4周知识点总结（二）、（三）。

3. 答案见第10周知识点总结（二）1、2。